U0283650

后疫情时代，
居家生物污染防控
百问百答

宋广生　主编

中国建材工业出版社

图书在版编目（CIP）数据

后疫情时代，居家生物污染防控百问百答 / 宋广生

主编. --北京：中国建材工业出版社，2020.4

ISBN 978-7-5160-2884-1

Ⅰ.①后… Ⅱ.①宋… Ⅲ.①室内空气—空气污染控

制—问题解答 Ⅳ.①X510.6-44

中国版本图书馆CIP数据核字（2020）第055812号

内 容 简 介

本书采用科普手法，从居家生物污染防控的基本常识、新冠肺炎疫情防控、室内消毒杀菌常识、家居装饰装修和交通出行五个方面，对人们关心的健康家居生活的一些常识性问题进行了深入浅出的解答，同时对疫后家居生活和行业发展趋势做了预测分析。

本书可作为新冠肺炎疫情防控的科普读物，也可作为疫情后人们家居生活和装饰装修的参考读物，同时对从事室内车内环保行业和室内装饰装修行业的同仁，也有一定的参考价值。

后疫情时代，居家生物污染防控百问百答

Houyiqing Shidai, Jujia Shengwu Wuran Fangkong Baiwen Baida

宋广生　主编

出版发行 **中国建材工业出版社**

地　　址：北京市海淀区三里河路1号

邮　　编：100044

经　　销：全国各地新华书店

印　　刷：北京天恒嘉业印刷有限公司

开　　本：880mm×1230mm　1/32

印　　张：4.375

字　　数：90千字

版　　次：2020年4月第1版

印　　次：2020年4月第1次

定　　价：**36.00元**

宋广生，国家室内车内环境及环保产品质量监督检验中心主任、中国室内装饰协会副会长、中国室内装饰协会室内环境监测工作委员会秘书长、中华环保联合会车内环保专业委员会秘书长、国家科技部生物安全实验室生物安全审查委员会专家、我国室内环境和车内环境检测事业的倡导者和实践者。

2003 年参与了抗击非典的防控工作，并总结非典期间室内环境生物污染防控工作经验，组织编写了《中国室内环境污染控制理论与实务》《室内环境生物污染防控 100 招》《室内环境生物污染防控知识问答》等多部著作。

前　言

　　新冠肺炎疫情是中华人民共和国成立以来发生的传播速度最快、感染范围最广、防控难度最大的一次重大突发公共卫生事件。在习近平总书记的坚强领导下，在全国人民的共同努力下，疫情已经基本控制。

　　2020年1月25日，习近平总书记提出，"要把人民群众的生命安全和身体健康放在第一位。"

　　2月14日，在中央全面深化改革委员会第十二次会议上，习近平总书记强调，"要建立国家生物安全的防控体系。"

　　3月10日，习近平总书记专门赴湖北省武汉市考察新冠肺炎疫情防控工作，发表重要讲话时强调，"要教育引导群众养成良好卫生习惯，提倡文明健康、绿色环保的生活方式。"

　　虽然疫情逐步得到控制，但室内环境以及环境保护问题将是一个长期关注的话题，特别是室内环境中的生物污染防控将受到人们普遍关注。人们应如何做好居家生物污染防控？疫情对人们的家居生活又产生了哪些影响？本书作者结合家居环境疫情防控信息，以及20多年的工作和生活经验编写了这本小册子。

　　本书采用科普手法，从居家生物污染防控的基本常识、新冠肺炎疫情防控、室内消毒杀菌常识、家居装饰装修和交通出行五个方面，对人们关心的健康家居生活的一些常识性问题进行了深入浅出的解答，同时对疫后家居生活和行业发展趋势做了预测分析。

希望通过本书的出版和发行，能够为大家的安全健康环保的家居生活提供参考。

感谢中国疾病预防控制中心陈烈贤研究员在本书编写过程中提供指导。

感谢中国建材工业出版社的领导和编辑朋友们的支持，特别感谢王萌萌编辑的辛苦付出。

由于编者水平有限，疏漏和不足之处在所难免，敬请读者批评指正。

编　者

2020 年 3 月

目　录

三、消毒净化篇

四、家居装饰篇

五、交通出行篇

V

一、基本常识篇

1. 什么是室内环境生物污染？

室内环境中的生物污染包括细菌、真菌、病毒和尘螨等生物性污染物质。这类污染物种类繁多，且来自多种污染源头。从调查看，在现代家庭日常生活中，可以引起人们过敏性疾病及呼吸道疾病等健康损害的室内环境生物污染主要有以下几种：

（1）霉菌。霉菌是一种能够在温暖和潮湿环境中迅速繁殖的微生物，其中一些能够引起恶心、呕吐、腹痛等症状，严重的会导致呼吸道及肠道疾病，如哮喘、痢疾等。患者会精神萎靡不振，严重时则出现昏迷、血压下降等症状。

法国国家卫生与医学研究所专家的一项研究显示，在成年人中，各类霉菌导致的哮喘比花粉及动物皮毛过敏导致的哮喘要严重得多。研究人员对欧洲 1100 多名成年哮喘患者的病例档案进行研究分析后发现，对霉菌过敏的患者罹患严重哮喘的可能比对其他物质过敏的患者高两倍。

（2）病毒。病毒是一类形态极小，没有细胞结构，完全寄生在活细胞中，而且只能在电子显微镜下才能看到的微生物。凡是有细胞生物的生存之处，都有与之相对应的病毒存在，这使得病毒的种类多种多样，如呼吸道病毒、肠道病毒、出血热病毒、狂犬病病毒、乙型肝炎病毒等。

从古至今，从人类、脊椎动物、无脊椎动物、植物到真菌、细菌、放线菌等各种微生物中，都发现有各种相应的病毒存在。病毒在自然界分布广泛，存在于土壤、水、空气和生物体中，可感染细菌、真菌、植物、动物和人。病毒给人类健康造成了极大的危害，人类传染病中约 80% 是由病毒引起的。

（3）尘螨。尘螨是最常见的微小生物之一，是一种很小的节肢动物，肉眼不易发现。尘螨是引起过敏性疾病的罪魁祸首之一，室内空气中尘螨的数量与室内的温度、湿度和清洁程度相关。近年来，家庭装饰装修中广泛使用地毯、壁纸和各种软垫家具，特别是空调的普遍使用，为尘螨的繁殖提供了有利条件，这也是近年来室内尘螨数量剧增的原因之一。

尘螨对人体的有害作用主要是其产生致敏源。尘螨的致敏作用，最典型的是可诱发哮喘。患过敏性皮炎的患者有相当一部分是由尘螨引起的，同时还可以引起过敏性鼻炎、慢性荨麻疹等。

（4）军团菌。目前已知军团菌是一类细菌，可寄生于天然淡水和人工管道水中，也可在土壤中生存。研究表明，军团菌可在自来水中存活约 1 年，在河水中存活约 3 个月。军团病的潜伏期为 2～20 天不等。主要症状表现为发热，伴有寒颤、肌疼、头疼、咳嗽、胸痛、呼吸困难，病死率高达 15%～20%，与一般肺炎不易鉴别。

（5）动物皮屑及具有生物活性的物质。近年来，喂养宠物逐渐成为一些居民的嗜好，但是宠物皮屑及其产生的其他具有生物活性的物质，如毛、唾液、尿液等对空气的污染也会带来健康危害。

室内有宠物时，空气中致病原的含量增加。有宠物房屋内致病原的浓度是无宠物房屋内的 3～10 倍。据调查，普通人群中对猫、狗的致病原有过敏反应的大约有 15%。因而，喂养宠物的室内空气环境会使这部分人群的哮喘、过敏性鼻炎等疾病发生率升高。

（6）可吸入颗粒物。由于可吸入颗粒物属于室内环境物理污染的范畴，所以以前人们并未认识到室内空气中可吸入颗粒物的危害，认为呼吸道疾病的传染是由于直接接触病人呼出的病菌的结果，与室内的可吸入颗粒物无关。后来研究发现，细菌可以附着于细小尘粒并在空气中飘浮，这种细小尘粒被接触者吸入即可传染疾病，成为室内环境生物污染的载体。

2. 为什么室内环境生物污染防控更重要？

（1）时间长。现代社会生活中，人们至少有 80% 的时间在室内环境中度过，儿童和老人在室内的时间会更长。

（2）通风差。室外空气中，由于大气稀释、空气流通和阳光照射等因素的影响，病原微生物稀少；而室内空气中，特别是通风不良、人员拥挤的室内和车内环境中，有较多的微生物存在。

（3）来源多。室内空气中除原有的微生物外，还可能有来自人体的某些病原微生物，如结核分枝杆菌、百日咳杆菌、白喉杆菌、感冒病毒、流感病毒、麻疹病毒等。

（4）条件适宜。室内环境具有产生生物污染的各种条件，如温度、湿度、不流通的空气、吸烟的环境、不洁的卫生用品等。

（5）传播快。室内环境是人气集聚的处所，由于人在室内的活动使各种病原微生物进入空气中。当病人或病原体携带者将病原微生物排入空气中，可造成疾病流行，而且传染性疾病的传播速度比较快，一旦爆发难以控制。

（6）复合性。现代城市生活中，由于室内装饰装修和家具装饰物增加，空调等各种家用电器增加，室内环境中不仅有生物污染，而且其化学性污染、物理性污染都会比室外环境中的污染物更多，会出现叠加污染的危害。

3. 室内环境生物污染的主要来源是什么？

室内环境生物污染是影响室内空气品质的一个重要因素，它对人类健康有着很大危害，能引起各种疾病，如各种呼吸道传染病、哮喘、建筑物综合征等。室内环境生物污染的来源具有多样性，主要来源于以下 6 个方面：

（1）来自人体自身。人体自身的代谢产物有 400 多种，许多都排泄到室内空气中，如二氧化碳、水蒸气、汗臭味（主要成分为丁酸）、体臭味、脚臭味……这是人体自身对居室产生的污染。如果室内人多，或有人吸烟，通风又不好，就会使人产生难受、恶心的感觉。特别是流行性传染病高发时期，患有流行性传染病和呼吸道疾病的人，会成为室内环境生物污染的最大污染源。

（2）来自室内生物。室内环境生物污染来自室内生命体本身，如居室内蚊、蝇、跳蚤、白蚁和螨虫等都属于生物污染，它们的卵、粪便、唾液、碎片及所携带的微生物也属于生物污染。现代社会生活中，螨虫的存在可能是家家户户不可避免的。

（3）来自空调和通风器。空调是家家户户不可缺少的家用电器，研究发现空调会成为增加室内空气细菌污染的主要原因。家居环境中使用空调时需要房间紧闭，人就只能呼吸室内已经呼吸过多次的混浊空气。经空调机多次反复过滤后的室内空气中，负氧离子数目逐渐减少，空气中的尘螨、可吸入颗粒物、细菌、真菌等会增加。空调机中空气过滤器吸附的颗粒物便会成为细菌、病毒、霉菌的载体，被吹入室内，也会污染室内空气。

（4）来自家居和家具。现代生活中的地毯、沙发、高级软床可以使我们的居室舒适美观，但对于过敏性疾病患者来说却是灾难。由于室内温暖而不通风，地毯、沙发、高级软床下面容易滋生大量的微生物，如尘螨、腐生菌等。尤其以尘螨引起的过敏症状最为常见和严重。尘螨的消化道能分泌一种蛋白酶，可增加支气管的通透性，从而刺激机体的免疫系统，导致变态反应。在日本，过敏性哮喘中有 45% ～ 85% 是由室内尘螨引起的。还有一种鲜为人知的真菌过敏，这些真菌寄生在空调、冰箱、冰柜等家用电器中，也容易导致人们的过敏症状。

（5）来自家庭厨房和卫生间。民以食为天，我们家家户户都需要在厨房里面煎炒烹炸。但是你知道吗？厨房可是室内环境污染问题的重灾区。美国亚利桑那大学的科学家对 15 个家庭做了历时 30 周的调查，对象是厨房和厕所的 14 个部位。研究人员对每个部位的样本做了检测后发现，厨房里剁肉板上的细菌是坐厕板的 3 倍，厨房洗碗布上的细菌是坐厕板的 100 倍。这无疑给我们敲响了警钟，家居环境并不像我们想象的那样干净。

（6）来自室外环境污染。部分室外生物污染物会进入室内，在室外，有些人类活动产生的微生物污染将对人体健康造成威胁，如含有致病菌的生活用水和医院污水，以及屠宰场和食品加工厂污水的排放和处理时产生的液体气溶胶，可能含有致病微生物。如果在环境污染问题比较严重的地区和时间段开窗通风，就会把室外大气环境中的各种污染物带入室内，同时人们在家居生活中经常性地出入，也可以把室外环境中的各种污染物带入室内环境中。

4. 室内环境生物污染的特性是什么？

室内环境生物污染有自身明显的特性，主要有以下几个特点：

（1）活性

大家都知道，生物是有生命力的，我们常说的室内环境中的生物污染物或污染源也是有活性的，这是室内环境生物污染与其他污染物的主要区别之一。因此，我们通常把生物污染称为一大类活性机体的污染。

（2）隐蔽性

生物污染既有污染物的隐蔽性，又有污染源的隐蔽性。生物污染物特别是微生物污染物，是无色、无味、无光、看不到、摸不着的。同时，生物污染污染源的隐蔽性表现为，有些条件病原菌在某类人身上不发病，但对抵抗力弱的人就发病。这种隐型感染者，危害更严重，隐蔽性更强。还有微生物在动物体中不发病，传给人就发病，像肆虐一时的 SARS 病毒和现在肆虐全球的新型冠状病毒。而室内化学性污染物和物理性污染物，可以用嗅觉、视觉和听觉感知到。

（3）持久性

新装修房屋和家具的化学污染可以在一定时间内释放，而生物污染的污染源和污染体会与人们长期共存，使生物污染具有持久性。人类本身、动植物及人畜、人禽共患的病原体，都可以不断地向环境散发污染物。只要人在，宠物及花草在，污染源就存在，污染就在所难免。有些室内微生物可长期存在，像真菌孢子、细菌的芽孢等，其抵抗力相当强，一般不会死掉。只要孢子及芽孢不死，这些被称为污染体的微生物就可长期存在，污染就持久不消亡。

（4）广泛性

与室内环境中的化学性污染和物理性污染相比，室内环境中的生物污染种类广泛。生物污染有动植物和微生物，光动、植物就有几万种，至于微生物种类更多。可以讲，在地球的大气层中，哪里有空气哪里就有微生物，哪里有建筑物哪里也有微生物。

（5）普遍性

在自然状态下，我们可以找到无辐射、无化学污染的室内环境，我们也可以装修一套无污染的房间，然而却找不到一立方米无微生物的空间，如果房间不是在时时刻刻地进行消毒杀菌，生物污染就时刻存在于环境中，看看那些身穿防护服的白衣战士就会理解无孔不入的生物污染了。

（6）输入性

生物性污染的病原体会通过室内人员的流动，将污染源进行远距离传输，通过跨洋过洲迁徙带到异地，比如这次新冠肺炎疫情，就有一些病毒感染者或携带者通过飞机、邮轮等交通工具把病毒传输到其他地区，在流行病学中称为输入性病例。

5. 室内环境生物污染和人们的活动有什么关系？

人体对室内环境的污染分为释放普通微生物和释放病原菌两个方面。

（1）释放普通微生物

人体不仅是微生物的储存体，也是它的繁殖体。人体中的微生物远远超过人体本身的细胞数。一个成年人大约有 10^{13} 个细胞，然而人体所携带的微生物却高达 10^{14} 个。人体所携带的微生物分为两种：一种是正常菌群，它是人体所必需的；另一种是病菌。这两种菌都可造成室内环境污染，但后者更厉害，又叫传染。一个人在静止条件下平均每分钟可向环境散发 1000 个菌粒。这个数量在洁净室、手术室都是严重超标的。在家中，人也是造成室内空气微生物超标的重要污染源。因此要强调洗手、洗澡、搞好个人卫生。有数据显示：当病房中有 0 ～ 1 人时，空气菌浓度为 2679cfu/m³，其中真菌浓度为 338cfu/m³；当病房中有 4 ～ 6 人时，空气菌浓度则上升为 5498cfu/m³，其中真菌浓度为 619cfu/m³。

人在室内的活动更能使空气中的微生物浓度增加。人在室内扬起微生物最严重的时候是铺床和扫地，其次是咳嗽、打喷嚏。每次咳嗽或打喷嚏时可向环境散发 10^4 ～ 10^6 个带菌粒子。说话也可排放大量微生物，卫生间排放的细菌会更多。

（2）释放病原菌

人的呼吸道发生病变，会有大量病原菌繁殖，咳嗽、打喷嚏时就会把大量病菌喷发到空气中感染他人。当年的非典和这次新冠肺炎疫情流行期间，都会有一种所谓的"毒王"，一个人可以感染几十到上百人。所谓"毒王"，并不是他们所携带的病毒厉害 100 倍，而是他们咳嗽时向空气中散发的病毒浓度很高，致使许多人感染，不仅是呼吸道，消化道、皮肤、泌尿系统的病原体，同样可以污染环境，感染他人。

6. 什么是室内环境微生物污染？

生物污染一般分为动物污染、植物污染和微生物污染。微生物是一群个体微小、结构简单、肉眼无法直接看到的微小生物。环境中绝大多数微生物对人类和动植物是有益的，有些还是必不可少的。一部分对人类有致病性的微生物称为人类病原微生物，当空气中含有这类病原微生物时，可造成疾病传播，危害人类健康。

由于体积微小，微生物可以单独或附着于气溶胶颗粒上，从而悬浮在空气中较长时间并经空气传播。虽然空气中的致病微生物容易死亡，但因为空气中带有微生物的气溶胶粒子传播很快，加上人们在室内活动时间较长，接触频繁，可使病原微生物经空气传播，导致疾病传播。

微生物感染的病症有肺炎、霍乱、疟疾、结核、肝炎等，占死亡原因的80%。空气中常见的致病菌包括溶血性链球菌、金黄色葡萄球菌、脑膜炎双球菌、结核杆菌、百日咳杆菌、军团菌、炭疽杆菌、白喉杆菌、肺炎支原体、立克次氏体等。常见的致病性病毒包括流感病毒、麻疹病毒、腺病毒、水痘病毒、腮腺炎病毒、风疹病毒及部分肠病毒等。

近年来，又出现了大量新的病症，包括现在正在全世界流行的新冠肺炎，还有非典、甲型流感、禽流感、艾滋病、埃博拉出血热，由黄色葡萄球菌引起的医院内感染，由病原性大肠杆菌、博茨里奴斯菌、沙门杆菌引起的食物中毒等。

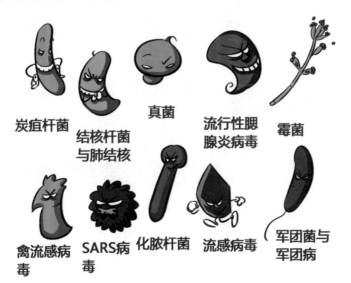

炭疽杆菌　　结核杆菌　　真菌　　流行性腮　　霉菌
　　　　　　与肺结核　　　　　　腺炎病毒

禽流感病　　SARS病　　化脓杆菌　　流感病毒　　军团菌与
毒　　　　　毒　　　　　　　　　　　　　　　　军团病

7. 微生物一般包括哪几类?

微生物一般包括细菌类、真菌类、病毒类、虫螨、支原体、衣原体、立克次体以及藻类等。细菌种类有数万种，真菌种类可多达十万种以上。存在于空气中的微生物，称为空气微生物。空气中微生物的多少是室内空气质量的重要参数之一。

各种微生物的大小差别很大。病毒是最小的微生物，大小为 $0.008 \sim 0.3$ 微米。细菌的大小范围较广，小的在 1 微米以下，大的可达到 100 微米。支原体、衣原体、立克次体的大小介于病毒与细菌之间。最小的藻类细胞直径为 $1 \sim 2$ 微米。

细菌靠单细胞分裂繁殖，生长速度极快。在室内潮湿、相对湿度 ≥ 90% 的地方，细菌以几何级数增长。空气中的细菌总数常用 cfu/m^3 来计量，即每立方米空气中落下的细菌数。cfu 是菌落形成单位，英语 colony forming unit 的缩写。菌落形成单位是指微生物在固体培养基上生长繁殖所形成的肉眼可见的集落。

真菌靠单细胞或多细胞菌丝伸长增殖。当真菌孢子附着在有营养源、有空气的地方，且温度为 $20 \sim 35 ℃$、相对湿度为 $75\% \sim 100\%$ 时，就会生长繁殖，菌丝伸长、生长、成熟并释放出孢子，污染室内空气。

8. 什么是细菌? 有哪些种类?

细菌是一类形状细短、结构简单的原核细胞型微生物。

细菌来源于活的或者死的有机体，只要环境条件适宜，就会滋生、繁殖和生长，并且数目成倍增长，成为室内空气的潜在污染源。

细菌种类繁多，根据形状可分为球菌、杆菌、螺旋菌三类，人们还发现星状和方形细菌。杆菌直径与球菌直径相似，一般大小为 0.5 ～ 1 微米。

细菌虽种类繁多，但是到目前为止，已研究过并命名的种类只占一小部分。细菌是大自然物质循环的主要参与者，在自然界分布最广，几乎无处不在，广泛分布于土壤和水中，或与其他生物共生，存在于人类呼吸的空气中、喝的水中、吃的食物中。人体也是大量细菌的栖息地，人的皮肤就带有相当多的细菌。

9. 什么是军团菌?

军团菌是一类细菌，有 34 种，其中嗜肺性军团病杆菌是最重要的一种。军团菌可寄生于天然淡水和人工管道水中，也可在土壤中生存。

1976 年在美国费城一家饭店举行退伍军人大会期间，与会者中有许多人突发一种不明原因，症状包括高烧、咳嗽、呼吸困难、腹泻的疾病，90% 的病人都显示有肺炎的症状。共有 221 人患病，其中 34 人死亡。后来的调查工作证明该病是由一种细菌引起的肺炎。在调查中也发现所有病人都与空调系统的使用有关。最终从空调系统冷却水中分离出致病菌而证实该菌在空调系统中滋生，又经送气管道传播到室内空气中而使室内的人发病。此病因发生在聚会的军人中而被称作军团菌病，致病的细菌被称为军团菌。

军团病是由嗜肺性军团菌引起的一种感染性疾病，症状类似于肺炎，与一般肺炎不易鉴别。主要症状表现为发热，伴有寒颤、肌疼、头疼、咳嗽、胸痛、呼吸困难，90% 以上的患者体温迅速上升，咳嗽并伴有黏痰。重症病人可发生肝功能变化，甚至肾衰竭。病死率高达 15% ～ 20%。军团菌的确诊需要从患者的气管分泌物、血、痰等组织中分离出军团菌或观察到患者血清中特异性抗体的动态升高等指标来判断。

军团病的易感人群多为老年人、吸烟者、慢性肺部疾病患者，同时，免疫功能低下者也易感染。我国一项调查表明，军团病占成人肺部感染的 11%，占小儿肺部感染的 5.45%。军团菌经空气的传播性很强，但目前尚未能证实人与人之间的传播。老年人、吸烟者、酗酒者以及免疫功能低下者易患此病。当出现多种脏器的损伤时，病死率较高，诊断也困难。

军团菌隐藏在现代城市生活大量使用的空调、淋浴器等电器用具中，所以有"城市文明病"的别称。军团病一般情况下的爆发时间多在仲夏和初秋，以夏秋季为高峰，主要是在封闭的中央空调房间里。为防止军团病的爆发流行，应定期对建筑物空调系统的冷却塔、蒸发器、输送管道等进行清洗，对循环用水进行消毒处理并及时检测，加强对饭店、写字楼等大型建筑物的卫生管理。

军团菌

空调性肺炎

10. 什么是真菌？有哪些种类？

真菌具有细胞核和完整的细胞器，是真核细胞型微生物。

已经发现的真菌种类有 7 万多种。最常见的真菌包括霉菌、酵母菌和蕈（音训 xùn）菌。

霉菌是真菌的一种，能够在温暖和潮湿的环境中迅速繁殖。霉菌种类很多，有曲霉菌和青霉菌等，可引起人与动植物生病。

酵母菌呈圆形、卵形或椭圆形，内有细胞核、液泡和颗粒体物质，是重要的发酵素，能分解碳水化合物。

蕈菌是大型真菌，有形成肉质或胶质的子实体或菌核。常见的大型真菌有香菇、平菇、木耳等，可食用。但是平菇生长成熟后会释放出孢子，也会使人出现发烧、咳嗽、过敏性肺炎等症状。

11. 什么是室内环境中的霉菌污染？

霉菌为丝状和多细胞有机体真菌，其大小为 3 ~ 100 微米，孢子粒径为 1 ~ 5 微米，增殖方式为单细胞或多细胞菌丝伸长增殖。霉菌在大量繁殖的过程中，会散发出令人讨厌的特殊臭气，成为空气污染源。霉菌是室内环境生物污染的主要来源之一。

空气中霉菌对人体的主要危害为致敏源，有 6% ~ 15% 的人会对霉菌过敏。吸入灰尘中的霉菌包括霉菌孢子，易引起过敏性肺炎，严重损害健康。患者一旦发病，往往终年不愈，日久可造成鼻息肉、肺气肿、肺心病等，并伴有发烧、脱发及一些不适症状。

12. 怎样防控室内环境中的霉菌污染?

当出现恶心、呕吐、呼吸急促、咳嗽、发烧、哮喘加重等情况时，应立即采取以下措施：

（1）保持室内相对湿度在60%以下。

（2）保持室内环境清洁、空气流通，让室内空气清新干爽。

（3）清除能引起真菌滋生的水源或潮湿源头，维修屋内外有渗漏的地方。

（4）在厨房和浴室安装排风扇，将室内废气排出，排到室外。

（5）尽可能拆除已经受到污染的天花板和地毯。

（6）使用稀释漂白剂清洗受真菌污染的表面。

（7）用有效的隔尘网来减少真菌孢子进入空调的通风系统，并定期清洗、消毒空调的过滤网和隔尘网。

（8）尽量不要在室内晾晒刚刚清洗的衣物。

13. 什么是病毒? 它有什么特点?

病毒是一类形态极小，没有细胞结构，完全寄生在活细胞中，而且只能在电子显微镜下才能看到的微生物。其特点是：

（1）细胞极小，尺寸以纳米表示，多数病毒的直径在20～200纳米，较大的为300～450纳米，较小的仅为18～22纳米。

（2）没有细胞结构，主要成分是核酸和蛋白质，故又称分子生物。

（3）每一种病毒只含有一种核酸，DNA或是RNA。

（4）严格的活细胞内寄生，没有独立的代谢活动，只能在特定的活着的宿主细胞中繁殖。

（5）在离体条件下，以无生命的化学大分子状态存在，不能进行任何形式的代谢活动，但仍保留感染宿主的潜在能力，一旦重新进入活的宿主细胞内又具有生命特征。

（6）对一般抗生素不敏感，但对干扰素敏感。

14. 什么是新型冠状病毒？

首先需要知道什么是冠状病毒？

冠状病毒是在自然界中广泛存在的一个大型病毒家族，因为在扫描电镜下观察这种病毒的形态类似王冠而得名，主要的健康危害是引起人类呼吸系统疾病。

目前，已发现感染人的冠状病毒有7种，其中严重急性呼吸综合征冠状病毒（SARS-CoV）、中东呼吸综合征冠状病毒（MERS-CoV）和新型冠状病毒（2019-nCoV）等都可以引起较为严重的人类疾病。

冠状病毒除感染人类以外，还可感染猪、牛、猫、犬、貂、骆驼、蝙蝠、鼠、刺猬等多种哺乳动物及多种鸟类。

这次在全球爆发的冠状病毒为什么被叫作新型冠状病毒呢？主要是因为2019年12月导致武汉病毒性肺炎疫情爆发的冠状病毒是以前从未在人类中发现的冠状病毒新毒株，所以被叫作"新型冠状病毒"。世界卫生组织将该病毒命名为2019-nCoV。

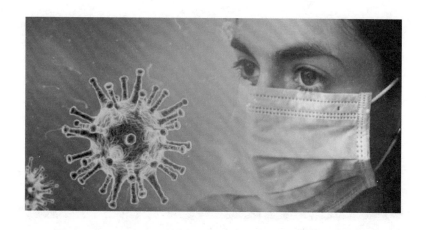

15. 什么是气溶胶？新型冠状病毒属于气溶胶吗？

气溶胶（aerosol）是固体或液体微粒悬浮于气体介质中所形成的系统。气体介质通常指空气，微粒则是多种多样的。液态粒子组成的气溶胶叫液体气溶胶，如云和雾等。固态粒子组成的气溶胶叫固体气溶胶，如烟和霾等。以空气为介质的气溶胶粒子大小为 0.001 ～ 500 微米，小于 10 微米的气溶胶粒子为飘尘，可长期存在于空气中。

人在呼吸时不只呼吸悬浮的颗粒，会连同包覆在它周围的空气一起呼吸。空气中含菌最多的是大小为 4 ～ 20 微米的粒子，最易被呼吸道捕获的是大小为 1 ～ 5 微米的粒子。SARS 病毒大小为 0.08 ～ 0.12 微米，由它组成的颗粒物就比较大了。

新型冠状病毒飞沫加上空气组成的系统就是病毒气溶胶，统称微生物气溶胶（aerosol of microorganism）。小于 10 微米的病毒颗粒物可以在空气中存在较长时间。飞沫传播就是气溶胶传播。

认为新型冠状病毒离开宿主几分钟甚至几秒钟就会死亡，以及病毒不会通过空气或物体传播的观点是错误的。

16. 怎样防控病毒气溶胶的传播？

（1）注意病毒气溶胶的呼吸道易感性。新型冠状病毒气溶胶感染的主要途径是呼吸道，而呼吸道的易感性为该病毒的大面积传播提供了先决条件。

新型冠状病毒气溶胶对呼吸道易感，除了先决条件，还有一个内在因素。此种病毒表面的一种蛋白质与人体的一种蛋白质结构很像，致使它更易与人的受体蛋白结合，从而增加人类感染的机会。

（2）注意病毒气溶胶播散的三维性。如果是接触式传染病，它的传播是直线关系，是单维的，只要顺着感染者的足迹，就能找到传染源。而微生物气溶胶的传播却是三维的。一旦发现传染源，它可以按固有的三维空间播散规律运行。从最浓原点出发直接向上下左右和前后扩散，向空气可以达到的一切地方扩散，在无外力干扰的条件下，直到浓度达到动态平衡为止。因此，对新型冠状病毒的防护不能只戴口罩了事，而是要全方位、全身防护，接触患者时更要如此。

（3）注意病毒气溶胶沉积的再生性。微生物气溶胶不像雨水和雪水，一旦降下来便再也回不到大气中了，沉积在物体表面的微生物气溶胶粒子在风吹、振动及各种机械力作用下，都可以再扬起，产生再生气溶胶。据国家卫健委专家介绍，新型冠状病毒在干燥的室内条件下，能存活 48 小时。那么在这两天当中，室内的病毒气溶胶都具有传染性，不管它是悬浮在空气中还是落在物体表面。

（4）注意病毒气溶胶感染的爆发性。微生物气溶胶播散的三维性与呼吸道的易感性就决定了空气传播的爆发性。不仅在短时期内造成大量人群感染，甚至造成世界大流行。如天花、埃博拉、狂犬、SARS、HIV、马尔堡、甲型 H1N1 流感、汉坦、肝炎、登革热等病毒。当下的新型冠状病毒当然也在其中，因此的确要严防死守，防止造成更大范围的流行。

（5）注意病毒气溶胶活力的易变性。微生物气溶胶从它形成气溶胶的那一刻起就处在不稳定的状态，随着时间的推移，其活性逐渐降低。

影响微生物气溶胶的存活因素很多，主要有微生物的种类、气溶胶胶化前悬浮的基质、环境条件（包括温度、湿度、大气中的气体照射等）。新型冠状病毒适宜冬季低温干燥环境，随温度的升高、湿度的增大、阳光的辐射，其活性会很快降低。

（6）注意病毒气溶胶感染的广泛性。微生物气溶胶可以通过黏膜、皮肤损伤、消化道以及呼吸道入侵机体。有研究证明，新型冠状病毒还可通过眼睛感染人，但主要是通过呼吸道。当前有人从粪便中检测到新型冠状病毒核酸呈阳性，提出了粪—口传播的问题。如果从粪便中也分离出存活的病毒，需要引起大家的注意。

17. 目前传染病的危害主要表现在哪些方面?

近年来，随着现代生活水平的提高，虽然人们的卫生设施和卫生条件大为改观，传统的传染病已经难以复发，但是在现代社会生活中，人们仍然时时刻刻面临着传染病的威胁。

传染病是由致病微生物引起的，如细菌、病毒、寄生虫或真菌等，疾病可直接或间接地在人与人之间传播。人畜共患病是动物的传染病再传播给人类时也可引起疾病。

传染病对人类的威胁与危害主要表现在以下 5 个方面:

（1）已被控制的某些传染病又死灰复燃，重新肆虐人类，如结核病、白喉、流脑、乙脑等。

（2）新的传染病不断出现，严重威胁人类健康，如新冠肺炎、非典、禽流感等。

（3）新老传染病联合作用，如军团病、艾滋病与结核病等。

（4）抗药性菌株日益普遍，细菌的耐药性已成为国际国内临床上普遍关注的问题。

（5）医源性感染，在从事医学服务中，因病原体传播引起的感染。

因此，虽然我们建立了一座座现代化的城市，也拥有了现代化的高楼大厦和医疗卫生设施，但是人类对传染病预防和控制的任务不是减轻了，而是更重了。十多年来肆虐全球的新型冠状病毒、SARS 病毒、禽流感病毒等就是证明。

新型冠状病毒

禽流感病毒

SARS病毒

二、疫情防控篇

18. 怎样有效预防新型冠状病毒感染？

为有效预防新型冠状病毒感染，应采取以下措施：

（1）避免去疫情流行区，避免与来自疫情流行区的人员近距离接触。

（2）生活在疫情流行区的人员应尽量不外出，出门戴口罩，回家要洗手。

（3）如果家中有来自疫情流行区的人员，应尽可能安排其与家中的其他人待在不同的房间里，戴口罩、勤洗手、避免共用家居用品。

（4）避免到人流密集的场所。避免到封闭、空气不流通的公共场所和人多聚集的地方，特别是儿童、老年人及免疫功能较差的人群，外出要佩戴口罩。

（5）加强开窗通风。居家每天都应该开窗通风一段时间，加强空气流通，以有效预防呼吸道传染病。

（6）加强锻炼，规律作息，提高自身免疫力。

（7）注意个人卫生。勤洗手，用肥皂和清水搓洗 20 秒以上。

（8）打喷嚏或咳嗽时注意用纸巾或屈肘掩住口鼻，不宜直接用双手捂住口鼻。

（9）及时观察就医。如果出现发热（特别是高热不退）、咳嗽、呼吸急促等呼吸道感染症状，应佩戴口罩及时就医。

19. 家中怎样预防新型冠状病毒感染？

2020 年 2 月 29 日，国家卫健委发布《中国—世界卫生组织新型冠状病毒肺炎(COVID-19)联合考察报告 》(简称《报告》)。《报告》指出，在中国，新冠肺炎的人际传播主要在家庭中发生。广东省和四川省报告的 344 起聚集性病例中共涉及 1308 例病例（两省总病例数为 1836 例），其中大多数（78% ～ 85%）聚集性病例发生在家庭成员中。

《报告》还指出，新冠肺炎在无防护下通过飞沫和密切接触在感染者和被感染者之间发生传播。尚无新冠肺炎空气传播的报告，且根据现有证据，也不认为空气传播是主要传播方式。但在医疗机构中或可存在因医疗操作产生气溶胶而发生空气传播的可能。粪便排毒已在一些患者中得到证实，少数病例粪便中还发现了活病毒，但根据现有证据，粪—口传播似乎并不是新冠肺炎传播的主要传播方式，其在新冠肺炎病毒传播中的地位和作用仍待明确。

居家生活应注意以下几点：

（1）居室多通风换气并保持整洁卫生。

（2）使用卫生间马桶以后注意盖好马桶盖再冲水。

（3）家庭成员不共用毛巾，注意洗脸盆、洗脚盆的分用与消毒。

（4）保持家居、餐具清洁，勤晒衣被。

（5）推广家庭就餐分餐制，使用分餐餐具或者使用公筷。

（6）坚持安全的饮食习惯，食用肉类和蛋类要煮熟、煮透。

（7）避免接触野生动物和家禽家畜。

（8）外出回家后及时用肥皂和清水清洗双手。

（9）外出回来注意外衣、外裤、手套和帽子的清洗。

（10）如果去医院和人多的场所或者高危地区需要进行外衣物的消毒处理。

20. 家庭成员出现可疑症状时应怎么办？

（1）若出现新型冠状病毒感染的肺炎可疑症状（如发热、咳嗽、咽痛、胸闷、呼吸困难、乏力、精神稍差、恶心呕吐、腹泻、头痛、心慌、结膜炎、轻度四肢或腰背部肌肉酸痛等），应根据病情及时就医。

（2）避免乘坐地铁、公共汽车等公共交通工具，避免前往人群密集的场所。

（3）就诊时应主动告诉医生自己的相关疾病流行地区的旅行居住史，以及发病后接触过什么人，配合医生开展相关调查。

（4）患者的家庭成员应佩戴口罩，患者与无症状的其他家庭成员应保持距离，避免近距离接触。

（5）若家庭中有人被诊断为新冠肺炎，其他家庭成员如果经判定为密切接触者，应接受 14 天医学观察。

（6）对有症状的家庭成员经常接触的地方和物品进行消毒。

21. 什么是新型冠状病毒患者的密切接触者？

任何与发病病例（疑似和确诊病例）有如下接触情形之一的人，属于密切接触者：

（1）与病例人共同居住、学习、工作或其他有密切接触的人员。

（2）在诊疗、护理、探视时未采取有效防护措施的医护人员、家属或其他人员。

（3）病例人同病室的其他患者及其陪护人员。

（4）与病例人乘坐同一交通工具并有近距离接触的人员。

（5）现场调查人员调查评估认为符合条件的人员。

22. 新冠肺炎疫情防控居家隔离时应注意哪些事项?

1）隔离环境

（1）隔离者应居住在通风良好的单人房间,确保共用区域（厨房、浴室等）通风良好（开窗）。

（2）家庭成员应住在不同房间,若条件不允许,应与患者保持1米以上距离。

（3）缩小隔离者活动范围,尽量减少隔离者与家庭成员共用一个区域,尤其避免一起用餐。

（4）不共用牙刷、毛巾、餐具、厕所、被服等。

（5）拒绝一切探访。

2）照护

（1）固定一名身体健康且无慢性病者进行护理。

（2）看护人员与被隔离者共处一室时,应佩戴口罩。

（3）与被隔离者有任何直接接触或进入隔离区后应做好手部卫生,用肥皂和清水清洗。

3）消毒

（1）每天用含氯消毒剂清洁卧室家具、卫生间台面。

（2）用60～90℃热水及普通家用洗衣液清洗病人衣物及床上用品。

（3）避免污染被服与干净被服接触。

（4）以上操作应佩戴一次性手套进行,操作前后应进行手部清洗。

23. 什么是新型冠状病毒无症状感染者?

在我国新冠肺炎疫情防控阻击战取得阶段性胜利之时，新型冠状病毒无症状感染者的话题引起了全社会的关注。

（1）什么是新型冠状病毒无症状感染者？

新型冠状病毒无症状感染者（以下简称无症状感染者）是指无相关临床症状，如发热、咳嗽、咽痛等可自我感知或可临床识别的症状与体征，但呼吸道等标本新型冠状病毒病原学检测呈阳性者。无症状感染者可分为两种情形：一是感染者核酸检测呈阳性，经过 14 天潜伏期的观察，均无任何可自我感知或可临床识别的症状与体征，始终为无症状感染状态；二是感染者核酸检测呈阳性，采样时无任何可自我感知或可临床识别的症状与体征，但随后出现某种临床表现，即处于潜伏期的"无症状感染"状态。

（2）无症状感染者有无传染性？

综合目前的监测和研究，无症状感染者存在传染性，但其传染期长短、传染性强弱、传播方式等尚需开展进一步科学研究。部分专家认为,鉴于无症状感染者的呼吸道标本能检出病原核酸,但由于无咳嗽、打喷嚏等临床症状,病原排出体外引起传播的机会较确诊病例相对少一些。

（3）无症状感染者存在着哪些传播风险?

一是传播的隐匿性。由于无症状感染者无任何明显的症状与体征,其在人群中难以被发现,其导致的传播也难以预防。

二是症状的主观性。症状轻微或不典型者可能认为自己没有感染新型冠状病毒,如果没有主动去医疗机构就诊,在日常的诊疗工作中难以被发现。

三是发现的局限性。由于存在检测窗口期,采用核酸检测和血清学检测方法难以发现全部无症状感染者,现有的无症状感染者主要是通过对病例的密切接触者的主动筛查、感染来源调查、聚集性疫情调查和对高风险地区人员的主动检测发现的,尚有部分无症状感染者难以被发现。

24. 居家环境中怎样防控无症状感染者的感染?

（1）如果家中发现无症状感染者,要严格按照政府统一要求进行集中隔离和医学管理。

（2）对无症状感染者的密切接触者也要按照要求实施隔离医学观察。隔离期间如出现症状,应立即转运至定点医疗机构进行救治。

（3）如果家中发现无症状感染者,要对家居环境中的空气和物品表面进行严格的消毒和净化处理。

（4）家中防控无症状感染者的感染，要注意强化个人卫生防护，养成良好的卫生习惯，讲究手部卫生，经常开窗通风，注意对家居物品的清洁和消毒等。

（5）为了防控病毒污染，在家居环境中可以采用杀菌消毒技术的材料和产品，选择使用具有杀菌消毒功能的空气净化产品。

（6）注意上下班路途的个人安全防护，到达工作场所或者回到家中要及时更换外衣，勤洗手，及时更换口罩。

25. 家中有婴幼儿应怎样做好新冠肺炎疫情防控？

1）婴幼儿的照护

（1）在照顾不能适应戴口罩的婴儿或新生儿的时候，家人和照护人员应主动戴口罩，因为家人和照护人员虽然没有新冠肺炎的症状，但也有可能是病毒携带者。

（2）家人和照护人员自己咳嗽或打喷嚏时，应用纸巾将口鼻完全遮住，并将用过的纸巾立刻扔进封闭式垃圾箱内，然后马上使用流水洗手。

（3）家人和照护人员不亲吻孩子，不对孩子呼气、喘气。

（4）家人和照护人员不和孩子入嘴同一食物，不和孩子共用餐具、饮具。

（5）家人和照护人员不用嘴巴吹气的方式让食物变冷后再喂食。

（6）家人和照护人员从室外回家以后立即更换衣服鞋子，正确处理口罩，全身彻底清洁后再接触孩子。

2）幼童的照护

（1）指导孩子严格规范洗手程序，督促孩子勤洗手，勤洗脸，不乱摸。

（2）防止病从口入，避免年幼小孩吃手。

（3）告诉孩子不要用手掏鼻孔，不要用手揉眼睛。

（4）告诉孩子在家里也不要到处随意乱摸。

（5）告诉孩子外出时手不要碰触公共区域的物体表面（尤其是电梯按钮等频繁碰触的表面）。

（6）督促孩子在饮食前、大小便后要及时洗手。

（7）注意孩子的书本、画册和各种文具、玩具的清洁消毒。

（8）儿童也应该学会正确佩戴合适的口罩，有条件应优先选择儿童 N95 口罩。

26. 孕产妇怎样做好居家防控？

（1）保持居室空气清新，温度适宜，适时开窗，避免过冷或过热，以免感冒。

（2）孕产妇使用的毛巾、浴巾、餐具、寝具等生活用品需单独使用，避免交叉感染。

（3）随时保持手卫生，饭前便后要用洗手液或香皂流水洗手，或者使用含酒精成分的免洗洗手液，避免手接触口、鼻、眼。打喷嚏或咳嗽时，用纸巾遮住口鼻。

（4）保持营养均衡，清淡饮食，避免过度进食，做好体重控制。

（5）避免亲朋好友探视，避免与呼吸道感染者以及两周内去过疫情高发地区的人接触。

（6）坚持母乳喂养，给孩子喂奶前要正确洗手。

（7）与婴儿接触或者照护婴儿时要戴口罩。

（8）生活规律，睡眠充足，多饮水，适当运动，保持良好心态，增强自身抵抗力。

27. 新型冠状病毒的室内环境传播途径有哪些?

新型冠状病毒在室内环境中的主要传播方式是飞沫传播和接触传播，特别是室内环境中的近距离飞沫传播应该是主要途径。

飞沫传播：一般认为直径小于 5 微米的飞沫可以通过一定的距离（一般为 1 米）进入易感者的黏膜表面。产生飞沫的主要渠道：

（1）患病或疑似患者咳嗽、打喷嚏或说话时产生的飞沫传播。

（2）医护人员在对患者实施呼吸道侵入性操作，如：吸痰或气管插管、翻身、拍背等刺激咳嗽过程和心肺复苏等产生的飞沫传播。

接触传播：新型冠状病毒的病原体通过黏膜或皮肤的直接接触传播。

（1）血液或带血体液经黏膜或破损的皮肤进入人体。

（2）直接接触含某种病原体的分泌物引起传播。

需要提醒的是，特殊时期要更加严格落实个人防护，勤通风、勤消毒、勤洗手、戴口罩。特别要强调的是，洗手前不要摸眼睛和嘴巴；戴口罩要注意规范，要贴合面部，不能露出鼻孔。只要把这些卫生习惯做好，很多传染病都会离我们越来越远。

28. 冠状病毒在环境中可以存活多久？

专家研究发现，以危害人体健康的严重急性呼吸综合征冠状病毒 SARS-CoV 为例，这种病毒在室温为 24℃ 的条件下，存活时间分别为：

（1）在人的尿液里至少可存活 10 天。

（2）在腹泻患者的痰液和粪便里能存活 5 天以上。

（3）在血液中可存活约 15 天。

（4）在塑料、玻璃、马赛克、金属、布料、复印纸等多种物体表面均可存活 2 ～ 3 天。

29. 哪些物品表面是病毒传播的危险点？

这次疫情防控工作初期，广州市疾病预防控制中心专家在一名新冠肺炎确诊患者家中的门把手上发现了新型冠状病毒的核酸，引起了全社会对于新型冠状病毒接触性传播的关注。

最近，研究者在相对湿度为 40% ～ 65%，温度为 21 ～ 23℃ 的条件下进行测试，发现新型冠状病毒在不同材质物体表面存活时间可相差十余倍，研究出新型冠状病毒在人体外各种材料上面的存活时间：

（1）家庭和公共场所的塑料及不锈钢表面最利于新型冠状病毒存活，最长可存活 3 天。

危险点：门把手、电梯按钮、车门把手、公交车和地铁扶手、滚动电梯扶手、餐厅食堂的椅子把手、共享单车扶手、手机。

解决方法：戴手套，多清洁，多消毒，勤洗手，不要用手揉眼睛、摸鼻孔。

（2）在人们活动场所中的硬纸板上，新型冠状病毒存活时间最长为 24 小时。

危险点：快递包装箱、礼品箱、水果箱。

解决方法：快递包装箱消毒，收发快递后洗手，注意戴手套。

（3）新型冠状病毒在铜制品表面存活时间最短，最多仅可存活 4 小时。

推广点：推广铜制品的水龙头、卫浴件、空调和净化器内部过滤器。

（4）在空气环境的气溶胶中，新型冠状病毒最多可存活 3 小时。

危险点：室内外、公共交通、办公场所、家庭环境的空气环境。

解决方法：开窗通风、净化器净化、新风机启动、戴口罩。

由此可见，新型冠状病毒可以出现在我们日常生活中公用的扶手、门把手、开关、桌椅、马桶和电梯按钮等位置，尽量不要用手接触，一旦接触后要及时洗手。

30. 开窗通风时病毒会随风进入室内吗?

一般情况下，开窗通风时病毒不会随风进入室内，但是居家环境中室内开窗通风时需要注意以下几点：

（1）开窗通风可以有效改善室内空气质量，会有效降低室内可能存在的病毒量，从而降低室内环境中病毒传播的风险。

（2）日常生活中，应注意每天早中晚三次开窗通风，每次 20 ～30 分钟。

（3）冬季通风时应注意保暖，多居室房间可以选择每个房间轮流通风的方法。特别是家里有老人和儿童，或者本身患有呼吸系统疾病的患者，要注意防止因受凉而引发呼吸道感染。

（4）居家隔离观察人员或者疑似患者注意采取房间单向通风的方法，尽量不要与家人实行对流通风。

（5）居住楼房的家庭如果与相邻单元房间隔窗，最好错峰时间通风，防止相邻房间空气倒灌进入室内；同时注意，在室内使用 84 消毒液或者其他含氯消毒剂消毒过程中也需开窗通风。

（6）安装新风机和有空气净化器的家庭，可以开启新风机进行通风，或者开启空气净化器净化室内空气，但是需要注意对新风机和净化器的过滤网和过滤器进行消毒净化。

31. 吸烟和吸二手烟会传播新型冠状病毒吗?

根据目前认知，新冠肺炎是呼吸道传染病，主要传播方式是飞沫传播和接触传播，二手烟不属于飞沫传播的方式，但是需要注意以下问题:

（1）为了吸烟者和家人的健康，尽量不要吸烟，或者减少吸烟，有可能的话最好戒烟。

（2）因为吸烟过程中不能戴口罩，所以一定不能近距离吸烟，或者吸烟时不与别人交谈，防止新型冠状病毒通过飞沫传播的可能，减少感染风险。

（3）吸烟以后要注意保证口罩干净，有条件的要经常更换口罩，防止二手烟污染口罩。

（4）吸烟以后要尽快洗手，防止吸烟过程中手的污染。

（5）注意合理处理烟蒂，投入安全和封闭的垃圾桶中，特别是在医院等特殊场所，更要注意。

（6）注意不要在私家车或者出租车、网约车里吸烟。

32. 新型冠状病毒会通过衣服传播吗?

除了疫情防控一线的医护人员和相关工作人员外,新型冠状病毒通过污染衣物来感染人的概率是极低的。但是还是需要注意以下要点:

(1)如果是去过特定的场所,如去医院探视过病人或接触过可疑症状的人,需要对衣服进行专门消毒。

(2)注意不要用酒精直接喷在衣服上消毒,酒精对普通衣物没有腐蚀作用,但是酒精是甲类易燃物品,防止因遇到明火、高温或静电发生火灾。

(3)如果没有去过医院或接触过疑似病人,不需要对衣服进行专门消毒,但是可以经常更换和清洗。

(4)外出乘坐公共交通工具时,建议在外面穿一件外衣外裤,回家以后进行单独清洗。清洗时可以加入衣物除菌剂,如果洗衣机有除菌功能,可以选择除菌功能洗涤。

33. 怎样科学正确地洗手消毒?

尽量使用水龙头的流水洗手,做到科学正确地洗手消毒。养成经常洗手的习惯,应注意以下洗手环节:

第一步:用水将手淋湿。

第二步:取足够皂液以涂满整个手部。

第三步:双手掌心搓摩。

第四步:右掌心覆盖左手背,十指交叉,反之亦然。

第五步:双手掌心相对,十指交叉。

第六步：指背叠于另一手掌心，十指相扣。

第七步：右手握左大拇指，旋转搓摩，反之亦然。

第八步：右手五指并拢贴于左掌心，正反方向旋转搓摩，反之亦然。

第九步：用清水洗双手。

第十步：用一次性纸巾擦干。

第十一步：用使用过的纸巾垫着关掉水龙头。

34. 开窗通风能防止气溶胶传播病毒吗?

气溶胶是人们日常说话、咳嗽和打喷嚏等过程中排出的液滴，其粒径一般在 0.1 毫米以下，呼出人体后很快（1 秒甚至几十毫秒内）蒸发，形成飞沫核（粒径为几微米），且飞沫核长期悬浮在空气中并随空气迁移，其传播距离可达数百米甚至更远，增加了无接触传播的风险。防止气溶胶传播病毒，可以注意以下环节：

（1）由于一般气溶胶颗粒比较大，低空中 10 微米以上的居多，病毒很容易被破坏，存活度不高，但是需要注意防控。

（2）开窗通风可以减少室内环境中悬浮的气溶胶的影响，适当的通风措施是必要的。

（3）注意气溶胶是有可能随空气流动的，由于气流方向不当，可导致污染气溶胶流向干净的区域。如果有居家隔离者，必须单间隔离，或处在全屋下风向的位置。

（4）在不通风的环境中，包含病毒的气溶胶会在空气中停留很久。含病毒的气溶胶可能沿室内通风道、下水道系统等相对封闭的循环系统进入房间。所以需要注意房间通风道和下水道的封闭管理。

（5）特别注意的是全空气系统的中央空调，不同房间内空气会交叉流动，容易造成交叉污染，所以在特殊时期要停用这些通风系统。

35. 怎样预防卫生间和下水道传播新型冠状病毒？

在这次新冠肺炎疫情防控过程中，医学专家从部分患者的粪便、尿液里面分离到新型冠状病毒，疾病控制中心专家提示我们应注意患者粪便或尿液对环境的污染，以及特定情况下可能造成的气溶胶或间接接触传播。大家知道，2003 年的非典疫情就是与香港"淘大花园"高层楼房的下水道传播病毒有关联。为防止卫生间和下水道造成的新型冠状病毒传播，可采取以下几个方面的措施：

（1）检查卫生间和厨房的下水道，看看洗面盆、洗菜盆和浴盆的排水设施是否完善，地漏里面的水封碗和反水弯是否起作用。

（2）如果发现水封碗和反水弯不全或者损坏时，要重新配置。

（3）清除下水道水封里面的积存物，保证水封的封闭功能正常。

（4）若新装修家庭的洗面盆、洗菜盆和浴盆的排水设施还没有安装水封碗和反水弯，或者担心其封闭效果，可以将软管弯成一个 S 弯，这样可以增加一道水封。

（5）洗面盆、洗菜盆和浴盆每天使用清洗以后，可以封闭盆内的水塞，并在里面积留一部分清水，也可以起到封闭的作用。

（6）厨房和卫生间如果是开放性地漏，最好更换为防臭地漏，同时注意应每天用开水或者消毒水进行消毒，然后用浸了消毒液的抹布盖上。

（7）每天做好卫生间的杀菌消毒和开窗通风换气，没有通风窗的卫生间应该加强人工排风。

防污染注意卫生间和
厨房下水道的反水弯

36. 家人共用洗衣机能传染新型冠状病毒吗?

目前国内外调查提示，新型冠状病毒的潜伏期存在传染性的可能性比较大。疾病控制中心专家提示，共用洗衣机传播病毒的可能性极小。但是，特殊时期应怎样合理使用洗衣机呢?需注意以下几个方面：

（1）家里有居家隔离和疑似病人的家庭，病人的衣物一定要独立清洗，一定要加入除菌洗涤液。

（2）现在很多新型洗衣机都有除菌功能，使用除菌功能可以有效杀灭衣物上面的各种污染物。

（3）日常生活中注意外衣和内衣分别清洗。

（4）有儿童的家庭或者有慢性病人的家庭，可以准备两台洗衣机。一些内衣、内裤或者儿童衣物，应注意分别清洗。

（5）有些洗衣机具有烘干功能，注意使用洗衣机的烘干功能，一方面可以在梅雨季节使衣物干爽，另一方面可以防止霉菌的滋生。

（6）注意洗衣机内部的清洗，特别是一些传统洗衣机，里面经常藏污纳垢，需要请专业人员清洗，也可以选择清洗剂清洗。

（7）注意不要选择消毒液清洗，由于消毒液很多具有腐蚀性，容易造成洗衣机器件的损坏。

（8）有条件时一定要在通风条件和阳光下晾晒衣物，特别注意不要在不通风的卫生间晾晒。

（9）现在有一些专门对衣物进行消毒杀菌的产品，可以选择使用。

37. 使用空调应注意哪些事项？

春夏之交空调成为陆续使用的家用电器，怎样科学合理地使用家用空调，防止由于使用空调引发的室内环境污染问题呢？下面这几个环节一定要注意：

（1）一般家庭成员居住的房间应注意定期清洗空调的过滤网和排风系统。将空调器关闭以后，使用经过稀释的消毒剂清洗，或者将过滤网取下后使用消毒剂清洗、消毒液消毒。

（2）如果是疑似或确诊新型冠状病毒感染者居住过的房间，最好请专业消毒杀菌服务机构进行消杀处理，并且检验合格后才能够使用。

（3）如果个人对空调散热器的内部进行消毒杀菌，应注意选择对金属材料没有腐蚀性的消毒剂，建议优先选择季铵盐类消毒剂。

（4）注意消毒工作一定要在关机和电源断电状态下进行，消毒以后需要再晾置 30 分钟才能重新开启。

（5）千万不要向开启的空调出风口喷洒消毒剂或者酒精消毒剂。

（6）利用家用空调的除湿功能可以降低室内空气湿度，防止细菌病毒滋生。

（7）使用空调时应当每天三次开窗通风，加强新鲜空气流通。

（8）市场上有专家研制出消毒杀菌材料，可将其安装在空调器的出风口里面。

（9）一些空调厂家推广的家用空调热消毒和专业清洗服务，也是解决空调污染问题的好方法。

健康空调

38. 使用室内中央空调应怎样防控病毒传染?

（1）当居住房空调通风系统为全空气系统时，应当关闭回风阀，采用全新风方式运行。

（2）当空调通风系统为风机盘管加新风系统时，应当确保新风直接取自室外，禁止从机房、楼道和顶棚内取风。

（3）保证风机盘管加新风系统的排风系统正常运行。

（4）特殊时期，应该保证新风系统全天运行。

（5）如果室内空调的通风系统没有新风系统，应当多开窗通风，加强空气流通。

（6）注意空调新风采气口及其周围环境必须清洁，确保新风不被污染。

（7）特殊时期，建议关闭空调通风系统的加湿功能。

（8）如果楼内发现疑似或确诊新型冠状病毒感染的肺炎病例时，注意停止使用中央空调新风系统，加强对通风系统的消毒，或者封闭新风系统通风口。

39. 家中消毒剂应怎样安全配制和使用?

现在在市场上买到的都是消毒剂的原液，或者是高浓度的消毒液，使用时需要按照一定比例进行稀释。由于过氧乙酸和次氯酸钠的原液都具有很强的腐蚀性和挥发性，对皮肤、黏膜有很强的刺激性，在稀释配制时，如果没有做好个人防护，很容易引起皮肤过敏、灼伤或鼻炎、咽炎以及刺激性干咳和胸闷等状况，特别是在没有安全防护装备的情况下，很容易造成二次伤害。怎样安全配制和使用消毒剂呢？提醒大家注意：

（1）购买的消毒剂原液应放在避光阴暗处保存，防止阳光直射或者放在温度比较高的环境。

（2）在进行消毒液配制时注意不要摇晃原液瓶，防止消毒剂原液膨胀。

（3）现用现配。不宜一次大量配制，保存好多天，否则容易失去和降低消毒效果。

（4）注意稀释瓶的选择。一方面，要注意清洗干净，防止里面的残存物与消毒液发生反应，特别是注意不要用盛放洁厕灵的瓶子盛放；另一方面，尽量不要选择密封性好的玻璃瓶，防止消毒液膨胀爆碎。

（5）配制人在操作时应戴口罩、防护眼镜（或游泳眼镜）和手套，不要用手直接接触原液，以免灼伤皮肤。

（6）尽量不要在密闭的环境中配制，打开窗户或者在通风良好的阳台配制。

（7）如果不小心，消毒剂的原液溅到了配制者的眼睛或皮肤上时，应立即用大量的流水冲洗 3～5 分钟。治疗眼部灼伤可以使用一些具有消炎作用的滴眼液。

（8）如果在使用消毒液后，发现家人有对消毒液过敏，皮肤出现发痒、发红、干燥、脱皮，甚至水肿及流黄水等现象，应当停用此种消毒剂，换用其他不引起过敏的消毒剂。

40. 怎样正确使用消毒纸巾进行新型冠状病毒防控?

新冠肺炎疫情防控带火了一大批消毒产品，消毒湿纸巾因使用方便，便于携带，成为抢手货。大家在选购消毒纸巾时要注意以下环节：

（1）检查其标签上是否有省级卫生部门的备案文号，其格式为（省、自治区、直辖市简称）卫消证字（发证年份）第××××号。

（2）查看是否在有效期内，超过有效期的纸巾达不到杀菌消毒的要求，不得作为消毒纸巾使用，但如果没有发霉的话，可作为一般纸巾使用。

（3）在使用消毒纸巾前,要查看包装是否有破损,包装破损后,纸巾已干，起不到杀菌消毒作用。

（4）用纸巾擦拭消毒后，不要马上洗手，应保持 1 ～ 3 分钟，才能起到消毒作用。

（5）使用者应注意消毒纸巾的主要有效成分，对酒精过敏者不得使用以酒精作为有效成分的消毒纸巾。

41. 怎样对家中拖把进行清洁和消毒?

拖把是居家清洁地面的主要工具，而且采用水洗拖把可以有效防止室内扬尘，有利于室内环境的清洁。但是，如果不注意拖把本身的清洁和消毒，不但达不到清洁地面的目的，还会造成更大范围的污染。

怎样才能让拖把真正起到清洁环境的作用呢？请注意以下几点：

（1）最好选择拖把头能够单独清洗的产品。拖把头的清洗部位在拖地以后要及时晾晒，保持干燥。

（2）如果使用的不是能够独立清洗拖把头的产品，可以在清洁地面以后，仔细冲洗，在通风处晾干，否则会成为微生物的污染源。

（3）为了保证特殊时期的室内环境安全，可以使用消毒剂对使用过的拖把头进行消毒处理并晾干。

（4）千万不要在拖把使用以后将其直接放在墩布池或者卫生间角落里，阴暗潮湿的角落里，否则会滋生大量的细菌，污染室内环境。

（5）如果家里有传染性疾病的病人，最好单独使用清洁地面的拖把，而且要及时消毒。

（6）注意对拖把杆的消毒。拖把杆是人们在使用中接触最多的部位，当家里多人使用时，更要注意。

42. 为什么需要对手机消毒？

特殊时期，在做好戴口罩、勤洗手、勤通风、少聚集的同时，人们往往容易忽略被频繁接触的手机。为什么需要注意手机的卫生消毒？

（1）人手接触频繁。据统计，人们每天在浏览手机微信和游戏时，对手机进行点击、滑动等的操作高达 2000 次，手机使用频繁的人每日操作次数高达 5000 余次。手机屏幕上方会沾染使用者手上的细菌和病毒。

（2）容易沾染飞沫细菌。人们在接打电话时，手机往往会离口比较近，而且听筒会贴近耳朵和面部皮肤，非常容易造成近距离接触性的病毒传播。

（3）容易受到外界污染物污染。人们在公共场所购物、消费，乘坐地铁、公交车等公共交通进行二维码支付过程中，手机暴露在公共场所和公共交通环境中，难免受到病毒的污染。

（4）容易成为被忽视的污染源。人们往往只注意对手消毒，勤洗手，却容易忽视可能携带大量细菌和病毒的手机。如果不注意清洁手机，用清洗、消毒过的手再去触摸手机，就相当于把细菌又带到了手上。

（5）容易成为传播污染的渠道。有孩子的家庭，大人的手机也是孩子们的最爱，如果不注意手机消毒，可能使其成为一个污染源。

43. 怎样进行手机消毒？

对手机进行安全的消毒可以遵循以下方法：

（1）采用酒精消毒湿巾或者用棉球沾上 75% 的酒精，对手机屏幕、背面、侧面、按键缝隙以及充电接口附近进行擦拭消毒。

（2）注意过氧乙酸消毒液和 84 消毒液对于金属有一定腐蚀性，因此不适合对手机消毒。

（3）消毒时注意手机的充电口和耳机插口等开口部位周围容易积累污垢，不能被忽略，但是注意不要使消毒液进入手机内部而损坏手机。

（4）由于酒精挥发的过程才是消毒的过程，因此要等待手机表面酒精挥发才算消毒完成，不要用其他物品擦拭掉酒精。

（5）用酒精消毒手机时注意在通风环境中，也可以在消毒的同时开窗通风。注意远离明火，特别是不要同时吸烟，防止发生火灾。

（6）尽量使用耳机接打电话。一方面可以降低手机辐射对人体的侵害，另一方面也可减少手机与面部和口唇部位的接触，防止飞沫留存在手机表面传染。

（7）如果不出门，建议每日对手机消毒一次，如果频繁出门或在外逗留时间较久，最好每天对手机消毒 2 ～ 3 次。

（8）从事疫情防控工作的医务人员、志愿者和相关直接服务人员，可以给手机配一个塑料膜手机套，一方面会降低频繁消毒造成的麻烦，另一方面可以最大程度上降低通过手机感染病毒的风险。

44. 饲养宠物家庭应怎样防控新型冠状病毒？

目前虽然没有证据显示猫、狗等宠物会感染新型冠状病毒，但是专家研究证明，冠状病毒种类繁多，狗和猫有自身易感的冠状病毒，例如：猫的致命疾病传染性腹膜炎就是由猫携带的猫冠状病毒发生变异而引起，犬冠状病毒和猫冠状病毒都为 α 属冠状病毒，而新型冠状病毒为 β 属冠状病毒。

饲养宠物家庭应怎样防控新型冠状病毒？需注意以下几个方面：

（1）及时观察家里饲养宠物的身体状况，发现有异常状况要及时就医。

（2）注意做好家养宠物的日常清洁，经常清洗家里宠物的窝具、玩具、水具和食盒。

（3）与宠物接触后注意使用肥皂水洗手，减少其他常见细菌在宠物和人类之间的传播。

（4）新冠肺炎疫情易感人群，如中老年人、体弱者、有基础疾病者应注意在特殊时期要尽量减少与家中宠物的接触。

（5）尽量减少外出遛狗的时间，遛狗时注意尽量不要接触其他垃圾等污物。

（6）为了保证环境卫生的整洁干净，防止疫情传播，宠物的粪便要注意及时清洁。

（7）宠物出门回家后不用特殊消毒，但是要注意对其毛发和足部的清洁，一方面防止沾染污染物，另一方面可以防止小区楼道和环境中消毒剂对宠物健康的影响。

（8）注意与新冠肺炎感染者或其密切接触者同住的宠物的管理。

（9）建议家庭不要将不明来源的动物，特别是野生动物作为宠物。

45. 为什么要注意医院周边的出租房和酒店的生物污染防控?

随着新冠肺炎疫情防控阻击战的胜利,各大中小城市的医院逐渐恢复正常就医,特别是北京、上海等城市的重点医院,每天吸引着全国各地的病患前来就医。与此同时,医院周边的酒店和出租房成为就医看病患者和患者家属、陪护人员的选择。但是,过去人们往往注意房间的价格、房间位置和使用是不是方便,往往会忽视这些场所的生物安全问题。

据分析,这些快捷酒店和出租房的污染问题主要表现在以下几个方面:

(1)有的病患人员为了候诊和等待接受手术治疗临时居住,病患者本身造成室内环境的生物污染隐患。

(2)有的慢性病患者需要长时间治疗,但不需要住院治疗,所以为了降低住院费用,会选择在出租房内休息和生活。

(3)一些病患者家属和陪护人员居住,来往于医院与出租房之间,容易带来医院里面的细菌病毒污染。

(4)个别医院周边的房主会根据病患者和居住人的需要,将普通居室改装成为出租房，多人居住一个单元房，容易造成传染性疾病的传播。

（5）这些出租房大多是在医院周围的居民区，和正常生活的居民共用居民楼的电梯、公共通道、快递柜、停车库和公共健身器械等小区的公共设施。

（6）这些现象不仅仅是在出租房，医院周边的一些酒店、饭店、招待所、快捷酒店也都存在着这样的隐患。

三、消毒净化篇

46. 什么是消毒、灭菌、抗菌与抑菌？怎样区分？

随着新冠肺炎疫情防控工作的深入和人们室内环境生物污染防控意识的提高，使得相关卫生知识越来越多地渗透到我们生活中，而我们也越来越多地被消毒、灭菌、抗菌、抑菌几个概念所混淆。实际上，消毒、灭菌、抗菌、抑菌在消毒专业上存在根本区别。对微生物的杀灭或抑制分为 4 个层次：

项目	消毒	灭菌	抗菌	抑菌
英文名称	disinfection	sterilization	anti-microbial	bacteriostasis
定义	杀灭或清除传播媒介上的病原微生物，使其达到无害化的处理。消毒不需要杀灭体系中所有微生物，只需要达到预定的处理要求，一般需要将体系中的致病和条件致病微生物除去或使之丧失活性	杀灭或除去外环境中一切致病和非致病微生物的过程，包括细菌芽孢、真菌孢子，但不包括原虫及寄生虫的卵。理论上讲，灭菌是个绝对的概念，实际上要达到这样的程度是不可能的	泛指杀灭细菌或阻止细菌生长繁殖及抑制其活性的过程，包括杀菌和抑菌	抑制或干扰待处理体系中微生物活性，使之繁殖能力降低或繁殖停滞的过程。一旦作用要素去除，微生物仍可复苏
用途	直接作用于液体、固体、气体，包括生命机体的体表和表、浅体腔，一次性发挥杀菌或除菌的作用，以达到规定要求		抗菌剂一般作为添加剂加到塑料、橡胶、纤维等材料中，持续地发挥杀菌和抑菌的作用	
作用	预防微生物传染疾病，直接控制疫源地的污染		预防材料表面的微生物污染及预防接触该材料的人免受微生物的感染	

续表

项目	消毒	灭菌	抗菌	抑菌
标准	使人工污染的微生物减少 99.9% 或自然微生物减少 90%		最小抑菌浓度用 MIC 表示。MIC 是指能够抑制容器中细菌生长的最低浓度。相同条件下，MIC 越小，抑菌活性越大	
对象	液体、固体、气体，包括生命机体的体表和表、浅体腔		物体的表面，包括生命机体的体表和表、浅体腔	
主要品种	甲醛、戊二醛、过氧化氢等化学药品；臭氧、紫外线、激光、高压静电、高效过滤、等离子、原子辐照、微波、高温		铜、银、锌、钛等金属离子；胺、季铵盐、酚、腈、卤素类化学合成物；壳糖、山梨酸类天然植物提取物以及高分子材料等	
替代性	可以替代抗菌剂与抑菌剂		不可以替代消毒剂	

47. 相关标准和技术规范要求的消毒方法有哪些?

1) 室内空气消毒方法

（1）应注意开窗通风，保持室内空气流通。

（2）每日通风 2 ～ 3 次，每次不少于 30 分钟。

（3）病人家庭、公共场所、学校、交通工具以自然通风为主，有条件的可采用空调等机械通风措施。

（4）医疗机构应加强通风，可采取通风（包括自然通风和机械通风），也可采用循环风式空气消毒机进行空气消毒，无人条件下还可用紫外线对空气消毒，不必采用常规喷洒消毒剂的方法对室内空气进行消毒。

2）地面和墙壁消毒方法

（1）可使用喷雾消毒剂消毒或使用消毒剂进行表面擦拭。

（2）消毒剂可选用 0.2% 的过氧乙酸溶液或有效氯含量为 200～400 毫克/升的含氯消毒剂溶液。

（3）泥土墙吸液量为 150～300 毫升/平方米，水泥墙、木板墙、石灰墙为 100 毫升/平方米。

（4）对上述各种墙壁喷洒的消毒剂溶液量不宜超过其吸液量。

（5）地面消毒先由外向内喷雾一次，喷药量为 200～300 毫升/平方米，待室内消毒完毕后，再由内向外重复喷雾一次。

（6）以上消毒处理的作用时间应不少于 15 分钟。

3）衣服、被褥等纺织品消毒方法

（1）可煮沸消毒 10 分钟。

（2）用有效氯含量为 250 毫克/升的含氯消毒剂浸泡 15 分钟。

（3）被褥可以在阳光下暴晒半天以上。

4）餐（饮）具消毒方法

（1）首选煮沸消毒 10 分钟。

（2）采用有效氯含量为 250～500 毫克/升的含氯消毒剂溶液浸泡 15 分钟后，再用清水洗净。

5）诊疗用品、家用物品、家具消毒方法

可用 0.2% 的过氧乙酸溶液或有效氯含量为 200～400 毫克/升的含氯消毒剂进行浸泡、喷洒或擦洗消毒，作用 10 分钟后用清水擦拭干净。

6）运输车辆消毒方法

（1）可用有效氯含量为 200～400 毫克/升的含氯消毒剂溶液擦拭或喷洒至表面湿润，作用 15 分钟。

（2）用0.5%的洗必泰或0.2%的季铵盐消毒液擦拭座椅、桌面、舱室内壁，拖擦地面。

7）垃圾消毒方法

可喷洒有效氯含量为10000毫克/升的含氯消毒剂溶液至表面湿润，保持4小时以上。

48. 怎样合理选择和使用空气消毒剂?

我国采取消毒剂审批管理制度，应按照国家《消毒技术规范》要求选择和使用消毒剂。

1）选购消毒剂时应注意:

（1）应检查其使用说明书和标签上是否有卫生部的批准文号。

（2）看其是否在有效期内。

（3）根据不同的消毒对象按说明书选择适宜的消毒剂。

（4）消毒剂的使用剂量及方法以使用说明书为准。

2）使用消毒剂前应详读说明书。

（1）一般消毒剂具有毒性、腐蚀性、刺激性。

（2）消毒剂应在有效期内使用。

（3）仅用于手、皮肤、物体及外环境的消毒处理，切忌内服。

（4）消毒剂应避光保存。

（5）放置在儿童不易触及的地方。

3）疫源地消毒要求:

（1）应在当地疾病预防控制机构的指导下进行。

（2）由有关单位及时进行消毒，或由当地疾病预防控制机构负责消毒处理。

（3）在医疗机构中对传染病病人的终末消毒由医疗机构安排专人进行。

（4）非专业消毒人员开展疫源地消毒前应接受培训。

（5）采取正确的消毒方法并做好个人防护，应穿防护服，戴医用防护口罩（N95）、防护眼镜和手套等。

49. 居家环境的疫情防控消毒应注意哪些问题？

为预防新型冠状病毒，居家环境中使用过氧乙酸和 84 消毒液消毒时一定要注意以下 8 个方面的安全问题：

（1）使用过氧乙酸时浓度不宜过高，一般过氧乙酸溶液的使用浓度为 0.2% ～ 0.5%。

（2）室内环境中喷杀次数和密度要适当，以免危害人体、灼伤皮肤。

（3）用过氧乙酸进行消毒时，消毒者应佩戴口罩、护目眼镜、手套，做好自身防护。

（4）用过氧乙酸在室内消毒时，有慢性病史（如哮喘、冠性病）者、过敏体质者，消毒时应外出回避，消毒后要经过充分通风再回到室内。

（5）稀释过氧乙酸不能用膨胀较差的玻璃瓶等容器储存，要用有膨胀性的塑料瓶以防爆炸发生意外。

（6）家中存放的过氧乙酸应远离热源、明火、易燃物质等，以避免发生火灾事故。

（7）过氧乙酸是无色液体，尽量不要用使用过的牛奶瓶或者矿泉水瓶装，如果使用饮料瓶一定要有标志，防止被人误饮。

（8）有儿童的家庭，消毒剂的容器应摆放在高处或适当的位置，不要让儿童误饮造成健康伤害。

消毒注意事项

50. 家里出现新冠肺炎确诊病人应怎样消毒？

家里如出现新冠肺炎确诊病人，其他人员必须暂时隔离，还应接受检查和观察。家人应拒绝各种探访，停止上学或上班，每天配合接受卫生部门的随访观察。一旦有人出现咳嗽、发热症状，应该及时就诊。家中可采用的消毒方法参照如下：

（1）居室空气消毒方法：用 0.2% 的过氧乙酸溶液喷雾消毒 30 ~ 60 分钟，或将 15% 的过氧乙酸溶液 7 毫升放入容器中加热蒸发 2 小时之后开窗通气。

（2）居室地面消毒方法：如果是一般家庭，可以将 84 消毒液按正确方法（84 消毒液 10 毫升 +990 毫升水）进行配制后，每天拖地 1～2 次，进行地面消毒。如果家庭有疑似或确诊的病人，其使用过的物品或居住过的房间应及时消毒，应将 84 消毒液的浓度提高到 4～10 倍，就是将 84 消毒液的原液由 10 毫升增加到 40～100 毫升，加入 960～900 毫升的水中，进行地面消毒。

（3）衣服被褥消毒：耐热纺织品可以煮沸消毒 30 分钟，不耐热的纺织品可以用有效含氯消毒液（250 毫克 / 升）浸泡 30 分钟。不能水洗的被褥、毛毯可以在阳光下暴晒半天以上。

（4）餐具消毒：可煮沸 30 分钟，或用 0.5% 的过氧乙酸溶液浸泡 30 分钟，再用清水洗净。

（5）家中物品（家具、瓷砖、墙壁、浴缸等）消毒：可用 0.5% 的过氧乙酸溶液或有效含氯消毒液（1000 毫克 / 升），也可以使用 1∶99 的漂白粉混合喷洒或擦洗。

51. 家中哪些地方及物品需要消毒？

门柄、窗户把手、按钮、电器开关、地毯、家具表面（如桌面）、电话机、电脑键盘及鼠标、玩具、餐桌、餐椅、餐具、地面、水龙头、花洒头、浴缸及洗手盆、地面排水口、马桶及水箱把手、坐垫及盖板、垃圾桶等。

52. 儿童家庭应怎样消毒？

由于儿童身体状况特殊和儿童对一些消毒净化产品可能会产生刺激反应，因此儿童家庭是疫情防控的重点。针对儿童家庭，室内环境消毒杀菌需要特别注意以下环节：

（1）家里孩子的玩具，学习、生活用品等能耐高温的可用消毒锅或开水煮沸消毒 30 分钟，不能耐高温的可选择酒精喷洒或放置在阳光下暴晒消毒。

（2）家长频繁使用的手机、游戏机、遥控器、平板电脑等电子产品需每日清洁消毒。

（3）注意保持家庭环境卫生干净整洁。地面清洁干燥，卫生间和厨房不要有潮湿的角落，避免病毒、细菌滋生。

（4）家庭清洁消毒。特殊时期，每日用酒精消毒擦拭家具、孩子大型玩具、课桌椅等物体表面一次。地面使用含氯消毒剂的 84 消毒液，按正确方法进行配制后，每天拖地 1～2 次。注意家庭消毒以后需开窗通风。

（5）注意消毒剂的安全。不要用饮料瓶、矿泉水瓶存放，使用后应放在儿童不易取到的位置或者锁闭在柜子里。

（6）注意消毒时保护儿童的眼睛和皮肤，如果发现孩子对消毒液有过敏性反应，应及时更换更加安全的消毒剂。

（7）加强房间通风，每日每个房间轮流通风 2～3 次，每次开窗通风 15～30 分钟。房间通风时应将孩子转移到其他房间，做好保暖措施，避免通风时孩子受凉。

（8）有空气净化器和新风机的家庭，可以开启空气净化器和新风机进行通风和消毒。注意及时更换净化器滤芯。

（9）孩子到医院就医时，尽量乘坐私家车或者出租车、网约车，注意在车上做好防护，回来以后及时更换包裹孩子的衣被，并进行清洁消毒。

53. 空气净化器抗菌除菌的国家标准要求是什么？

继 2009 年 3 月 1 日国家家电抗菌标准通则《家用和类似用途电器的抗菌、除菌、净化功能通则》（GB 21551.1—2008）正式实施以后，2011 年 9 月 15 日，又发布了《家用和类似用途电器的抗菌、除菌、净化功能　抗菌材料的特殊要求》（GB 21551.2—2010）和《家用和类似用途电器的抗菌、除菌、净化功能　空气净化器的特殊要求》（GB 21551.3—2010）等标准。

（1）《家用和类似用途电器的抗菌、除菌、净化功能　空气净化器的特殊要求》规定，在模拟现场和现场试验条件下运行 1 小时，空气净化器抗菌（除菌）率大于或等于 50%。

（2）空气净化器的抗菌性能应达到《家用和类似用途电器的抗菌、除菌、净化功能　抗菌材料的特殊要求》中明确规定的要求：空气净化器的抗细菌材料的抗菌率大于或等于90%，抗霉菌材料的防霉等级为1级或0级。

（3）标准中还要求空气净化器的净化材料应能够更换或再生，净化装置能够清洗和消毒。

54. 为什么空气净化器可以有效解决室内环境生物污染？

（1）空气净化器中的空气消毒净化机和具有杀菌消毒功能的空气净化器，因为内部配置了各种静电净化、臭氧消毒、等离子、负离子和紫外线照射等杀菌消毒技术，对室内环境中的各种细菌、病毒都有很好的杀灭功能，可以起到净化室内空气中生物污染的效果。

（2）传统的具有高效过滤和静电吸附功能的空气净化器，在工作时不仅可以提高室内空气的洁净度，而且可以将空气中附着于可吸入颗粒物上的细菌进行吸附和净化，防止这种附着于细小尘粒上的细菌、病毒被接触者吸入而传染疾病。

（3）国家卫生部颁布的《消毒技术规范》中规定，医院室内Ⅱ类空气的消毒可选用静电吸附式空气消毒净化器。静电吸附式空气消毒净化器采用静电吸附原理，加上过滤系统，不仅可过滤和吸附空气中带菌的尘埃，也可吸附和杀灭微生物。

在一个20～30平方米的房间内，使用一台大型静电吸附式空气消毒器，消毒30分钟后，室内环境中的生物污染物可达到国家卫生标准。从 2003 年的非典疫情肆虐开始，我国研发了一大批具有杀菌消毒功能的空气净化器，起到了保护人民生命健康的作用。特别是目前抗击新冠肺炎疫情工作中，武汉和全国各地的医疗机构的急救室还在大量使用具有杀菌消毒功能的空气净化器。

55. 怎样控制室内环境生物污染？

微生物自然衰减的速度是很慢的，特别是当室内存在污染源时，其污染浓度在自然状态下是逐渐上升的，故应采取适当措施控制室内生物污染，改善室内空气品质。

目前，室内生物污染控制方法主要有：通风换气、空气过滤、静电沉积、紫外线照射灭菌、负离子灭菌、光催化灭菌、等离子体灭菌、臭氧灭菌和化学消毒剂（如过氧乙酸、过氧化氢、二氧化氯等）喷雾消毒灭菌等。

（1）通风换气

通风换气可以有效降低室内生物污染物浓度，原理为通过加大室内新风量，直接物理稀释室内污染物，简单而有效。但传统的自然通风法的缺点是在冬、夏季会增加建筑供暖空调能耗，而且室内通风换气的效果容易受到室外气候条件的影响，比如雾霾天气就不适宜通风换气。现在流行的新风换气机可以有效解决这些问题。

（2）空气过滤

空气过滤是让空气经过纤维过滤材料，将空气中的颗粒污染物捕集下来的净化方式。空气过滤不仅可以过滤颗粒污染物，而且可以过滤细菌和病毒，这是因为细菌和病毒这类微生物在空气中是不能单独存在的，常常会集聚在比它们大数倍的尘粒表面，能够被空气高效过滤器拦截。空气过滤结构简单，在空气净化器、消毒器和汽车内一些过滤系统、集中空调系统中应用较广泛。其缺点是过滤器价格一般较高，空气阻力大，能耗高，过滤器需定期更换。

（3）静电沉积

静电沉积主要是利用高压电场形成电晕，在电晕区里自由电子和离子碰撞并吸附到菌尘颗粒上，从而使灰尘带上电荷，荷电后的菌尘微粒在电场力的作用下被吸到收集区并沉积滑落，从而除去空气中的菌尘颗粒物，达到洁净空气的目的。优点为广谱除菌、除尘，阻力小，效果好，缺点是可能产生臭氧和氮氧化物等有害气体，造成室内环境二次污染。

（4）紫外线照射灭菌

细菌中脱氧核糖核酸（DNA）和核蛋白的吸收光谱在200～300纳米，最强吸收峰在253.7纳米左右，因此紫外线灭菌能力最强。当细菌吸收了紫外线的能量后，生成嘧啶二聚体，破坏细胞内的核酸、原浆蛋白酶和 DNA 的复制，导致微生物死亡。

（5）负离子灭菌

人造负离子主要是采用高压电场、高频电场、紫外线、放射线和水的撞击等方法使空气电离而产生。负离子在调节空气中正、负离子浓度比的同时，可吸附空气中的尘粒、烟雾、病毒、细菌等污染物，变成重离子而沉降，达到净化的目的。其缺点是容易扬灰，造成二次污染，在集中空调系统中应用受到一定限制。

（6）光催化灭菌

将具有光催化氧化活性的催化物质（以 TiO_2 为代表）以纳米尺度均匀分布在空调的过滤金属筛网、风道、室内墙面和顶棚、消毒机的金属网板等表面，在太阳光或紫外光的照射下，产生类似光合作用的光催化反应，生成氧化能力极强的氢氧自由基（·OH）和活性氧（·O_2），在催化活性物质表面氧化分解各种挥发性有机物蒸汽或空气中的细菌、病毒，转化为 CO_2 和 H_2O。纳米光催化技术具有可重复使用、绿色环保等优点，应用前景广阔。

（7）等离子体灭菌

等离子体是物质存在的第四种状态，是由电子、离子、原子、分子和自由基等粒子组成的集合体，具有宏观尺度的电中性和高导电性。气体在加热或强电磁场作用下会产生高度电离的气体云，其中活性自由基和射线对微生物有很强的杀灭作用。等离子体技术是一种快速、广谱的灭菌技术，灭菌同时可以消除室内的 VOCs 和一些化学污染，但无法去除尘埃颗粒物，多配合其他方法使用。

（8）臭氧灭菌

臭氧为淡蓝色气体，具有强氧化性，其分解产生的氧原子可以氧化细菌细胞壁，直至穿透细胞壁与其体内的不饱和键化合而杀死细菌。臭氧消毒效果由单位时间内产生臭氧量的多少决定，浓度、温度越高，作用时间越长，则消毒效果越好。臭氧灭菌的优点为广谱杀菌、方便迅速、无残留死角，缺点为室内必须无人，不能在有人场合进行动态连续的空气消毒，可损坏多种物品，对物品表面的微生物作用缓慢。

（9）化学消毒剂灭菌

将消毒液通过气溶胶喷雾器，雾化成飘浮微粒（直径在 20 纳米以下），扩散在各房间内，达到空气消毒的作用。适用消毒剂有过氧乙酸、过氧化氢、二氧化氯等。用化学消毒剂进行消毒灭菌，无论最终是否会降解为无毒物质，在一定时间和范围内总会形成污染，对人呼吸道有一定的刺激性，而且长时间高浓度使用会腐蚀室内设备，具有潜在的不安全性，仅能在室内无人的状态下选用。

56. 怎样应用静电吸附技术进行室内和车内空气消毒？

大家知道，静电吸附式空气净化器主要用于去除空气中的颗粒污染物。但是你知道吗？静电吸附技术也是《消毒技术规范》认定的消毒产品技术之一，规定医院室内Ⅱ类空气的消毒可选用静电吸附式空气净化消毒技术。静电吸附式技术与紫外线、臭氧及化学药物等消毒方法不同，是采用静电吸附原理进行空气杀菌消毒。试验证明，在一个 20～30 平方米的房间内，使用一台静电吸附式空气净化器，消毒 30 分钟后，室内空气中的菌落总数可达到国家卫生标准，而且可用于有人在房间内的空气消毒。

静电吸附除菌消毒的原理主要有以下两个方面：

（1）可以有效吸附空气中包括细菌在内的颗粒物。在空气中直径为 0.1 ～ 10 微米的气溶胶被称作可吸入颗粒物，细菌与病毒等生物污染物的粒子直径正好在这个范围之内。

（2）可以破坏细菌及病毒的细胞电解质和细胞膜，导致其死亡。静电吸附式空气净化器的核心是一种特殊设计的正离子发生器，它能持续不断地产生高浓度的正离子，与细菌表面接触，穿透多孔的细胞壁，损坏细胞膜，破坏细胞电解质，导致细菌死亡达到杀菌消毒的目的。

海宁市一马川环境科技有限公司是我国静电消毒净化技术的品牌企业之一，其研发的高效安全的静电消毒净化技术，广泛应用于室内和车内环境消毒净化产品中。其中"气质家"牌空气消毒机不仅达到了国家标准要求，而且获得了浙江省卫健委颁发的消毒产品卫生许可证，最近还被多家医院采购用于新冠肺炎疫情防控。

静电吸附式空气净化器可以有效去除室内和车内空气中生物污染，以前大多应用在医疗卫生部门的产品中。随着新冠肺炎疫情后国家生物安全治理体系的加强，以及人们室内环境生物安全防控意识的提高，该产品一定会走向更多家庭，为人们创造更加安全健康的室内和车内环境。

57. 负离子净化技术可以杀菌消毒吗？

负离子是空气中一种带负电荷的气体离子，负离子虽然看不到，但一点儿都不神秘。大气中的气体分子在受到外力作用时，会因为电离而失去或者得到电子，失去电子的为正离子，得到电子的为负离子。宇宙射线、紫外线辐射、瀑布、喷泉或者海浪的冲击，都可能产生负离子。

由于空气分子在高压或强射线作用下被电离所产生的自由电子大部分被氧气所获得，因而常常把空气负离子统称为"负氧离子"。在海边、森林里，空气中负离子的浓度明显增高。在繁华的城市中，空气中的尘埃粒子大量吸附了负离子，使空气中的负离子数量急剧减少。装有空调设备的室内，由于室内空气在空调机的作用下反复多次循环，负离子消失殆尽，相反室内空气中的正离子会明显增多。

那么，负离子都有哪些作用呢？

（1）对细菌的抑制作用

在医学上已经证明，负离子对人体细胞有作用。同样，负离子对细菌也有作用。有人做过试验，每立方厘米中负离子个数达到 100 个以上就能抑制细菌生长。有人向烧伤病人的伤患处发射负离子，可以达到物理消毒的效果。负离子还能沉降空气中的尘埃粒子，因为尘埃粒子是细菌的载体，因此尘埃粒子在沉降的过程中会同时带走一部分细菌。

（2）提高空气品质作用

许多研究人员采用各种人工方法来产生负离子。采用高压电晕放电的方法产生负离子是最常用的方法。人工产生的负离子浓度可达 106 个 / 立方厘米。该浓度目前被公认为衡量空气品质的一个指标。

（3）负离子的降尘作用

空气中的离子很容易与尘埃粒子结合，带电的尘埃粒子又能吸附其他中性的尘埃粒子，这就是粒子的凝并作用。空气中细小直径的悬浮粒子经过凝并能成为较大颗粒的粒子，然后依靠重力缓慢地沉降下来。负离子与正离子相比，其质量更小，活性更大，运动速度更快，因此降尘效果更为明显。所以，从某种角度来讲，空气中悬浮的尘埃粒子确实是减少了。

（4）负离子的空气净化作用

负离子能还原大气中的氮氧化物、香烟等污染物产生的活性氧（氧自由基），减少过多活性氧对人体的危害；中和带正电的空气飘尘，使其无电荷后沉降，从而使空气得到净化。从空气净化的原理上讲，负离子发生器不能净化污染物，但是可增加空气的清新感，洁净的空气中有适量的负离子，已成了空气质量好坏的重要指标。

58. 什么是等离子杀菌消毒净化技术？

等离子空气净化器是一种对室内空气杀菌消毒型的空气净化装置，同时它也能去除空气中的可吸入颗粒物和多种生物异味。

等离子体技术是近十年来开发出来用于工业污染净化的新技术，具有节约能源和效率高等优点。近年来，这项技术已经被移植用于净化室内空气污染物。它是利用电晕放电产生等离子体，激活有害气体分子，如 O_3、CO、NO_2 等，进行定向反应从而去除室内空气中的有害气体。等离子体还具有杀灭空气中的某些生物污染物孢子、杆菌和霉菌的功能。等离子体技术中的电晕放电被广泛用于室内除臭脱臭。

等离子体杀菌消毒主要是依靠其所拥有的高能电子同空气中的分子碰撞时会发生一系列基元物化反应，并在反应过程中产生多种活性自由基和生态氧，即臭氧分解而产生的原子氧。这种活性自由基可以有效破坏各种病毒、细菌中的核酸、蛋白质，使其不能进行正常的代谢和生物合成，从而致其死亡。而生态氧能迅速将多种高分子异味气体分解或还原为低分子无害物质。另外，借助等离子体中的离子与物体的凝聚作用，可以对小至亚微米级的细微颗粒物进行有效的收集。

等离子空气净化器在工作时会产生臭氧，由臭氧分解出生态氧。臭氧是一种被公认的高效空气杀菌剂，但达到一定浓度时对人体也有害。我国《室内空气质量标准》中规定，臭氧的浓度必须小于0.16毫克/立方米。现在有许多等离子空气净化器采用了间歇释放等量臭氧和负离子的先进技术，由于臭氧的释放是间歇性的，并且释放的时间很短，因此可以做到既能持续杀死细菌、病毒，又能使空气中的臭氧浓度保持在安全水平内，因此一般不会对人体造成什么危害。

59. 怎样应用臭氧技术进行室内环境的杀菌消毒？

（1）什么是臭氧？

臭氧（ozone），化学分子式为O_3，是一种强氧化剂。臭氧具有广谱杀灭微生物的功能，杀菌速度比氯快300～600倍。臭氧用于消毒已有100多年的历史。

（2）臭氧的消毒净化原理

臭氧的消毒净化原理是依靠它的强氧化性。臭氧极不稳定，易分解为原子氧和氧分子。原子氧有很强的氧化能力，可以氧化细菌的细胞壁，直至穿透细胞壁与其体内的不饱和键化合而杀死细菌。表征其氧化能力的电极电位，是过氧化氢的1.16倍、二氧化氯的1.38倍、氯的1.52倍。臭氧对细菌、真菌、病毒都有强烈的杀灭作用。

（3）臭氧技术的应用

臭氧在消毒灭菌过程中，被还原成氧和水，在环境中不留残留物，同时它能够将有害的物质分解成无毒的副产物，有效避免了二次污染。因此对于臭氧产品的开发,已使其在医院、公共场所、家庭灭菌等方面得到了广泛应用，包括在消毒柜、洗脚盆等家用消毒产品中使用，取得了很好的效益。

（4）臭氧消毒机和空气净化器

臭氧具有强力杀菌能力和脱臭力，只要使用得当也会为人类提供许多好处。目前,厂家已研制出家用臭氧消毒机,并具有高效、小型、安全、实用的特点，使臭氧应用走向家庭。由于这种技术充分利用了臭氧的氧化能力，所以，这类空气净化器大多具有杀菌、脱臭和净化室内空气的作用。

（5）臭氧发生器

随着科学技术的进步，臭氧制造机已经开发出来。人们采取紫外线法和电流放射法人工产生臭氧，广泛用于食品加工厂和医院的室内杀菌和净化，也被用于游泳池的水净化和蔬菜水果、鱼类等的杀菌。

但同时，臭氧具有强氧化性，过高的臭氧浓度对人体健康同样有着危害作用。当臭氧吸入人体体内后，能够迅速转化为活性很强的自由基——超氧基，使不饱和脂肪酸氧化，从而造成细胞损伤，进而引起上呼吸道的炎症病变。因此我国在《室内空气中臭氧标准》和《室内空气质量标准》中都限定了臭氧浓度的上限（0.16 毫克／立方米），这是使用臭氧进行室内空气净化时应该注意的一个问题。

利用臭氧净化室内空气污染需要的条件是：第一，臭氧发生器的一次发气量要达到一定浓度；第二，要合理计算房间空间和处理时间；第三，不要在空气中残留氮氧化物；第四，臭氧发生器工作处理时不要人机同室；第五，注意臭氧对金属制品和橡胶制品的腐蚀作用和加速老化作用。

60. 怎样合理使用紫外线灯消毒灭菌？

紫外线照射灭菌的方法无噪声、无运动部件、无空气阻力，不明显增加额外能源的耗费。紫外线灯消毒可以是固定式照射，也可以是移动式照射，还可以在一些空气净化器和消毒机里面使用。

（1）紫外线灯为什么能够杀菌消毒？

紫外线按波长分 A、B、C 三波段和真空紫外，杀菌力最强的是 C 波段，即波长为 200 ～ 275 纳米。细菌经紫外线照射后，其核酸、蛋白质及酶类的分子键被破坏，失去复制和活化能力，因而可杀灭空气中和物体表面的细菌。

（2）怎样利用固定式紫外线灯照射消毒？

将紫外线灯固定安装在顶棚或墙上，在静态情况下对室内空气进行照射消毒。紫外线灯按 1.5 瓦／立方米配置，安装高度约距离地面 2.5 米，照射时间需要 60 ～ 120 分钟，有很好的消毒效果。

例如，对于 14 平方米的房间，采用 1 支 30 瓦的紫外线灯，在温度为 19 ～ 20℃、相对湿度为 48% ～ 59% 的条件下照射 30 分钟，可使空气中细菌浓度降为 500cfu/m³ 以下。采用固定式紫外线灯照射消毒时，紫外线照射对人的眼睛、皮肤有一定伤害，使用时眼睛不能直视，也不能直接照射人的皮肤，因此必须在室内无人的情况下进行。

（3）怎样利用移动式紫外线照射消毒和紫外线循环风消毒？

将紫外线灯装在箱体内，利用风机使空气流过箱体，紫外线灯可对流过箱体的空气进行近距离的照射，达到消毒的目的。例如，用 4 支 30 瓦的紫外线灯装于直径为 30 厘米的金属圆筒内，当风机流量为 28 立方米 / 分钟时，循环 3 次即可达到室内空气消毒的效果。移动式紫外线照射消毒可以在有人的情况下进行。国内开发的紫外线循环风消毒器，一般还配以中效过滤器，能起到加强消毒的作用。

（4）新型便携式紫外灯消毒设备。

现在科研人员和专家研制出一些便携式紫外灯消杀设施，或者车用空气净化装置。选购和使用时应注意，一方面看其能不能达到净化效果，另一方面注意其使用的安全性，不能对眼睛造成伤害，特别是不能被家里面的孩子当作玩具玩耍，以免造成不必要的伤害。

（5）使用紫外线照射灭菌时，应该注意对眼睛和皮肤的安全保护。

《家用和类似用途电器的抗菌、除菌、净化功能　空气净化器的特殊要求》（GB 21551.3—2010）规定装置周边 30 厘米处紫外线照射强度 ≤ 5 μW/cm²。

61. 为什么要推广使用新风机进行室内空气的净化?

防控室内环境污染可以选择运用新风换气对室内空气进行净化治理，运用新风对室内环境进行生物污染净化处理，源于以下5方面的原因:

（1）开窗换气或引用新风时，如果不对新风进行净化处理或简单开窗换气，反而会加重室内的颗粒物污染，更不用说沿街建筑的噪声、尾气和各种微生物污染的入侵。因此，在使用新风换气机时，必须对新风进行中效或亚高效净化处理，以保证室内空气的清洁度，提高室内空气质量。

（2）室内环境中需要必要的新风量是全球共识，室内环境的新风不足是造成室内环境生物污染、化学性污染和物理性污染的主要原因。解决了新风问题可同时满足新风量，并因稀释效果会大幅降低包括室内环境生物污染在内的各项室内环境污染物的浓度。

（3）一些新风机里面安装了静电净化装置，装置本身不仅可以有效过滤室外大气环境中的颗粒物，同时，也会有效地消杀室外环境中的各种细菌、病毒，成为一台空气消毒机。但是，一方面要注意及时清洗新风机的静电装置，另一方面要注意新风机管道的净化消毒。

（4）可以改善室内空气的气压状态。一般情况下，在疫情高发时期为了防止空气污染物进入室内环境，室内空气压力应该处于正压状态，加大进入室内的风量，降低排出的风量，保证室内的空气压力高于室外，这样室外空气中的各种污染物就不会通过门窗缝隙、卫生间和厨房的通风口和排水口进入室内，保证室内环境的安全。

（5）如果家里有确诊病人或者疑似病人，需要关闭新风机，防止新风机管道将不同房间的室内环境污染物进行交流，造成室内环境生物污染。

62. 家居生活中有哪些简单实用的消毒杀菌方法?

我们日常生活中可能不需要经常使用 84 消毒液或各种除菌器进行消毒杀菌。有没有简单实用又没有二次污染的消毒杀菌方法呢? 可以参照以下几种方法:

（1）开水消毒法

新型冠状病毒在 56℃的条件下加热 30 分钟就可以被杀灭，这个方法不仅适用于居家生活，而且适用于外出旅行，可以对毛巾、抹布等清洁用品进行杀菌消毒。

（2）蒸汽消毒法

可以使用家里面蒸馒头的蒸锅，对需要消毒的物品进行消毒。从沸腾开始，加热 20 分钟即可达到消毒目的，适用于餐具、耐高温的衣物和纱布的消毒。

（3）煮沸消毒法

100℃的沸水能使细菌的蛋白质变性，消毒杀菌的物品需要全部浸过水面，适用于餐具、玩具、奶瓶等小件物品的消毒。

（4）阳光消毒法

太阳光就是天然的紫外线，阳光对于各种物品和室内空气具有很好的杀菌作用，在阳光下暴晒3～4个小时就可以杀灭衣物上的各种细菌、病毒。这个方法适用于家庭平时的杀菌消毒，包括家里的衣被、毛绒玩具等。

四、家居装饰篇

63. 新冠肺炎疫情会对人们的家居生活产生哪些影响?

突如其来的新冠肺炎疫情在习近平总书记领导和全国人民努力下，即将取得胜利。这场疫情会对我们的家居生活产生怎样的影响呢? 我们总结了以下三点。

（1）人们的室内环境污染观念得到了空前提高。

特别是人们的室内环境卫生观念得到极大提高，远远高于当年的非典。长时间的居家隔离防控，全国大范围的疫情封闭，成千上万的医护工作者奔赴抗疫前线，还有医护人员的牺牲和感染者的死亡，使人们深切感受到室内环境生物污染比化学性污染问题更可怕，更需要作为持久性的防控工作来对待。

（2）人们的室内环境污染防控知识大大增强。

新冠肺炎疫情防控是一场全民性的室内环境安全健康普及教育。由于这次疫情，人们在家里的时间比较长，加之互联网交流渠道比较多，国家各大媒体信息发布及时透明，特别是政府和国家顶级疾病防控专家每时每刻在传播防控信息和防控知识，给全民上了一场室内环境生物安全普及教育课，会对人们以后的衣食住行，特别是家居生活的卫生安全产生影响。

（3）人们的家居消费观念会产生潜移默化的影响。

人们会更加追求健康、舒适、环保、绿色和自然的家居生活。人口集中的大城市、鳞次栉比的住宅楼、车水马龙的城市公路、人头攒动的公共交通适合人们安全、健康的生活吗? 从居家环境的选择到家居装饰装修的设计、施工和材料选择，都会成为人们思考的问题。

64. 疫情后人们的装饰装修和家居生活会有哪些新追求?

经过这场疫情,人们的装饰装修和家居生活将可能产生6大追求。

(1)更加追求绿色环保无污染的装饰装修。

疫情以前的绿色环保无污染装饰装修主要是指室内环境中没有甲醛等化学性污染,现在在这个基础上人们会增加对室内环境生物污染防控产品、技术和材料的重视,包括在设计上选择简洁、方便、大方、易清洁的设计,安装具有杀菌消毒功能的新风机和空气净化器,选择新型环保无污染的天然材料,选择容易更换和清洗的布艺家具等。

(2)更加追求具有自动化、智能化功能的家居产品和技术。

"君子动口不动手",疫情防控让人们认识到双手会成为传播细菌、病毒的主要渠道之一。疫情以后,家居产品中具有人体感应功能的水龙头、照明灯、智能化马桶、声控的灯具和家用电器开关,甚至人体触碰开关的家具和橱柜,都会成为家居行业发展的新热点。

(3)更加追求具有杀菌除菌功能的家用电器产品。

疫情会引发人们对具有杀菌除菌功能的洗衣机、电冰箱、空调器的选择,甚至消毒柜和具有光波杀菌功能的微波炉,都会成为人们购买或者更换家用电器的选择。现在市场上已经有各种各样的家用消毒杀菌小家电产品,可能会成为家用电器行业发展的新方向,会有更大的市场。

（4）更加追求具有抗菌抑菌功能的装饰装修和家具材料。

2003 年非典以后，我国装饰装修材料市场陆续出现了一批具有抗菌抑菌功能的装饰装修材料，但是没有得到消费者的重视。这次疫情会激发人们选择具有抗菌抑菌功能的装饰装修材料的热情，包括具有抗菌抑菌功能的内墙涂料、功能性瓷砖、复合木地板、抗菌玻璃和抗菌塑料，甚至具有抗菌抑菌功能的窗帘布、沙发布和墙面装饰布，都会受到广大装饰装修设计师、装饰装修公司、家具制造企业和广大消费者的追捧。

（5）更加追求工厂化、装配化的装饰装修工艺和技术。

疫情以前，人们的装饰装修工程主要采用人海战术，千千万万农民工在城市居民住宅楼里面现场施工。这不仅降低劳动效率，增加工程成本，容易出现工程质量问题，产生大量城市垃圾，还会成为城市管理和生物安全治理体系建设的难题。工厂化、标准化的装配式装修不仅可以有效地解决这些问题，而且可以全方位地控制室内环境污染。

（6）更加追求室内环境化学性污染和生物污染的检测和净化消毒服务。

20 年前在我国兴起的室内环境检测和净化服务，主要是针对新装修房屋和家具造成的室内环境化学性污染。实际上室内环境污染中还有生物污染和物理性污染。在国外一些发达国家和我国的香港比较流行室内环境的生物污染净化，特别是新装修和新出租房、交易的二手房、中小学幼儿园，以及大中小城市大型医院周边的出租房和快捷酒店。疫情以后，可能更需要建立长效的、规范化、职业化和专业化的消毒杀菌服务，同时室内环境生物污染检测服务会为室内环境消毒杀菌服务提供评价数据。

65. 疫情后哪些家居消费品和服务将快速兴起？

新冠肺炎疫情防控胜利在望，疫情以后人们将更加关注环境问题，室内环境保护意识也将得到提高。室内环境和车内环境中的生物污染防控将成为人们普遍关注的话题。这些变化将催生哪些产品和服务呢？我们总结如下：

（1）具有杀菌消毒功能的室内和车内空气净化器。

中国老百姓认识空气净化器，是从除甲醛开始的。空气污染比较严重的时候，清除颗粒物、$PM_{2.5}$ 的净化器成为市场主流。疫情以后，人们对空气净化器的消毒杀菌功能会更加关注。特别是一些有孩子、老人和慢性疾病人员的家庭，还有像学校、幼儿园、医院、宾馆、饭店和公交车、校车等环境场所，具有杀菌消毒功能的空气净化器会有一个大市场。

（2）具有杀菌消毒和自清洁功能的家用空调器。

对于室内环境来说空调是一把双刃剑，它在为我们提供舒适的室内温度的同时，又制造了室内环境污染。特别是在封闭的房间里面，如长时间使用空调，空调当中的细菌、霉菌和尘螨都会被吹拂到室内空气当中，增加室内环境污染的风险。因此，具有杀菌消毒和自清洁功能的空调将会有更大的市场。

（3）具有消毒杀菌功能的洗衣机。

通过对疫情的防控，人们了解到病毒传播有飞沫传播和接触传播这两种主要的传播途径。我们每天上下班穿的外衣，很容易被环境中的病毒和细菌附着。还有人们穿的内衣、内裤和袜子怎么清洗？孩子的衣服和成人的衣服怎么清洗？这成为洗衣机发展的新方向。现在已经具有消毒杀菌功能的洗衣机。同时随着人们对健康卫生的关注和人们生活质量和生活水平的不断提高，人们可能不只需要一台洗衣机。现在已有商家推出大桶和小桶结合的滚筒洗衣机，可以做到内衣和外衣分别清洗。还有的商家研制出了可以专门清洗内衣、内裤和袜子的小型洗衣机。不仅可以清洗衣服，而且还具有杀菌消毒功能，可能成为家庭选择的第二台洗衣机。

（4）具有抗菌抑菌功能的装饰装修材料。

为了降低室内环境生物污染对健康的危害，多年来科研工作者和专家研制出各种各样的抗菌剂和具有抗菌抑菌功能的装饰装修材料，比如抗菌内墙涂料、抗菌复合地板、抗菌瓷砖、抗菌窗帘布、抗菌玻璃和抗菌塑料等。这些产品中加入的抗菌剂，一方面可以有效地抑制细菌、病毒在这些材料表面上的滋生，提高室内空气质量，同时可以降低人们感染疾病的风险；另一方面，很多室内装饰装修材料，包括布艺材料、内墙涂料、复合地板等在使用过程中遇到潮湿或者不洁的环境，容易滋生霉菌和细菌，这些具有抗菌抑菌功能的材料，可以防止材料本身发霉、滋生细菌和对人们健康造成伤害。

（5）采用抗菌抑菌技术的室内窗帘布和装饰布。

随着现代化住宅的普及，落地窗、外飘窗越来越多，窗帘的面积越来越大。窗帘布里面的有害物质造成的室内环境甲醛污染，是原来大家关注的问题。疫情以后，随着室内环境生物污染得到全社会的重视，窗帘布的抗菌抑菌功能也会引起大家的关注。一方面，由于窗帘布长时间暴露在室内空气中，不容易清洗；另一方面，窗帘和室内外空气长时间接触，容易成为室内环境生物污染的污染源。经科研人员和专家研究，在窗帘布上增加抗菌抑菌材料，不仅可以有效地控制室内环境生物污染，而且会抑制室内环境中各种细菌在窗帘上的滋生。

（6）具有杀菌消毒功能的厨房电器和用具。

民以食为天，厨房是保证我们饮食安全的家中第一个阵地。病从口入，我们每个人每天都入口的食品接触到的餐具、厨具和灶具是不是做到卫生安全，是家家户户高度关注的一个话题。疫情以后，人们对厨房消毒杀菌卫生安全的关注度可能会更高。一些具有杀菌消毒功能的厨房电器和用具已经成为厨房用品市场上新的消费热点。传统的洗碗机可能会被具有消毒功能的洗碗机代替，传统的橱柜可能会增加消毒净化功能，包括传统的筷子笼和厨具、餐具，都可能会增加杀菌抑菌功能。

（7）具有抑菌功能的卫生器具和杀菌消毒产品。

卫生间是每个家庭现代生活中必不可少的，卫生间里的马桶、洁具、洗面盆、浴缸、淋浴器等，往往会成为细菌病毒藏污纳垢的场所。在这次疫情防控中，专家提出了病毒具有粪—口传播的风险，卫生间的安全就显得更加重要。怎样做到卫生间的整洁干净安全？一方面抗菌陶瓷应该是卫生间洁具、洗面盆和浴盆的主要选择，还有一些用抗菌材料生产的玻璃和塑料都可以成为卫生间里面杀菌消毒的好产品。在这次疫情防控中，专家研究发现铜制品表面是细菌病毒滞留时间最短的，所以接下来以铜制品为主的，包括水龙头、淋浴头、栏杆把手等制品可能也会成为市场上的新产品。

（8）具有杀菌消毒功能的小家电产品。

随着人们对室内环境生物污染防控意识的提高，一些具有净化功能且能消除室内环境中螨虫的吸尘器，方便安全的牙具消毒器、具有杀菌消毒功能的洗脚盆、餐具和口罩消毒器等产品，可以用于室内和车内环境消毒的紫外灯、臭氧消毒器和负离子发生器等可能会成为新的消费热点。还有的商家推出应用在马桶上的、具有消杀细菌和病毒功能的紫外消毒装置，这样的产品下一步不仅在家庭卫生间，在公共卫生间或者宾馆、饭店的卫生间，可能都会得到推广应用。

（9）便携式室内和车内环境消毒杀菌产品。

随着室内环境生物污染越来越多地被大家关注，一些方便携带的室内和车内环境消毒杀菌产品会有新的市场。现在商家已经研发出了可以折叠的杀菌灯，利用紫外线杀菌灯能够有效杀灭环境当中的细菌和病毒的原理，把杀菌灯变成折叠式的，可以安全使用，方便携带。还有的商家研发出了 LED 紫外线消毒柜、消毒箱和消毒袋，便于大家在清洗衣服以后，给容易对身体健康造成伤害的内衣、内裤和袜子进行消毒。这些具有消毒功能的小家电产品小巧、灵活、便携，解决了大家对室内环境卫生的新的需求。

（10）室内和车内环境的专业杀菌消毒服务。

以前，室内和车内环境的净化服务主要是针对环境中的化学污染物，净化新装修房屋的室内和新购买家具的甲醛污染。疫情防控工作结束以后，室内和车内环境的消毒杀菌服务将变成专业化、职业化和长效化的服务。

66. 家居环境应注意控制哪些生物污染要素？

在家庭装饰装修和人们日常生活中，怎样才能做到控制室内环境中的生物污染，防止各种传染性疾病、各种细菌病毒微生物对我们的身体健康甚至生命安全造成伤害呢？我们需要先了解下室内环境中各种生物污染生存环境的基本要素。

由于室内几乎所有物品都会成为微生物的营养来源，一旦温湿度、营养和氧气适宜，它们就会大量繁殖。下表是微生物中具有代表性的霉菌的生长条件。

室内环境中霉菌的生长条件

生长要素	适宜条件	繁殖状况
温度	15～30℃	温度超过20℃时迅速繁殖，28℃时为繁殖最旺盛期
相对湿度	75%～95%	湿度越高，繁殖率越高，超过80%后繁殖旺盛
营养	室内物品	所有室内物品都是其营养源
氧气	空气	氧气不足会阻碍其繁殖

因此，只要将室内温湿度控制在一定的范围内，就能有效地阻止大部分微生物的繁殖。试验证明，将相对湿度控制在60%以下可以很好地抑制大部分微生物的生长。由于室内环境中的湿度

受环境影响比较大，特别是在我国南方地区，长时间阴雨连绵的时候，室内湿度很大。室内环境湿度高的地区和房屋，怎样控制室内环境生物污染呢？需注意以下 6 个方面的选择：

（1）墙面材料的选择。选择具有抑菌防霉功能的内墙涂料，或者选择装配式的墙面材料，以保证墙面整洁干净，减少室内湿度大造成的霉菌污染；当室内湿度较高时，容易在墙壁上产生水珠，这就需要经常将这些水滴擦掉，以消除微生物滋生的环境。

（2）地面材料的选择。如果在湿度比较大的地区或者房屋地势比较低，或者是地下结构的房屋，注意尽量选择瓷砖类地面材料，谨慎选择实木地板，尽量不要选择地毯。

（3）家居设计的选择。尽量选择简洁合理的家居设计，家居装饰装修时注意尽量不要产生污染死角，特别是卫生间洁具和厨房橱柜下面，以免为霉菌提供生长的温床。

（4）家具床具的选择。为了方便居家环境的清扫，尽量选择可以移动的家具，同时为使室内空气有良好的循环和便于清洁清扫，家具和墙壁间至少应有 5 厘米的距离。

（5）家用电器的选择。选择具有除湿功能的空调器，最好配有杀菌消毒功能，有条件的也可以选择除湿机。

（6）清扫工具的选择。如果室内空气湿度比较大，在清扫时，尽量减低清扫工具上面的水分，不要使用传统的水洗墩布，可以多使用吸尘器或者扫地机，将细小灰尘吸走，减少室内污染源。

67. 疫情后家居装饰装修工程应注意什么?

疫情以后,装饰装修行业的返工复工大潮即将来临。为满足疫情以后人们对室内全方位污染防控装饰装修的新需求,装饰公司应做好哪些应对准备呢? 这对我们消费者同样也有参考价值。下面总结的是品牌企业北京大业美家装饰公司的做法和经验。

(1)推广室内环境化学性污染、物理性污染和生物污染的全方位控制理念,在原来推广的无甲醛装饰装修基础上,打造全方位的安全、健康、环保的装饰装修工程。

(2)加强对室内装饰设计师的室内环境3大污染控制基本知识培训,把室内环境生物污染防控基本要求融入室内装饰装修设计中。

(3)在严格选用符合环保标准的材料基础上,推广使用具有抗菌抑菌功能的装饰装修材料和家居用品,降低室内环境中的生物污染传播风险,为消费者打造安全健康的家居环境。

（4）在容易造成室内环境生物污染的重点部位和重点环节进行污染控制，比如室内环境装饰装修以后的通风换气环节、厨房及卫生间的下水道设计和防污染环节等。

（5）保证按照国家室内环境相关标准检测室内环境化学性污染达标的同时，在工程结束以后进行室内环境杀菌消毒，推广室内环境生物污染检测达标服务。

68. 家居环境装饰装修应怎样解决室内通风问题？

良好的通风条件可以保持室内空气清新，开窗通风是净化空气最简便有效的方法。试验证明，在低风速条件下，如果有对流风，早上打开居室门窗 10 分钟，室内空气就可达到卫生标准值；若无空气对流，需要 30 ～ 60 分钟才能达标。值得注意的是，无论是空调还是换气装置都难以取代自然通风。室内通风应注意以下几个问题：

（1）注意选择安装平开窗，尽量不要使用推拉窗。平开窗可以有效地使用建筑设计的窗口通风面积，可以最大化地保证自然通风的效果。高层楼房注意平开窗需要向内开启，一方面防止大风天窗户损坏，甚至坠落伤人，另一方面便于窗户玻璃清洁。

（2）注意平开窗最好安装上旋通风或者下旋通风设计，方便在平时生活中随时通风。

（3）如果楼房有天井，注意在装饰装修中临天井窗子的密封性要好，同时可以在窗户上安装排风扇，防止高层楼房的天井空气污染，特别是在疫情高发时期千万要注意。

（4）为保证建筑设计的厨房和卫生间空气对流的要求，家庭装饰装修尽量不要封闭厨房、卫生间的通风窗，也不要在上面增加屏风或其他装饰。

（5）对外保持自然通风，家庭装饰装修尽量不要封闭楼房的阳台，如果需要封闭阳台，一定不要采用全封闭或者固定玻璃设计，尽量全部安装通风窗，保证最大化的通风量。

69. 家居环境装饰装修应怎样注意空间设计问题？

目前城市住宅的室内层高普遍低于3米,一般都在2.5米左右。因为室内空气中的各种污染物是随着热空气上升的，一般集中停滞在室内大约三分之二层高的上部空间。这样，室内两米高的空间内空气是较干净的，如果层高过低，其室内干净空气层低于两米，就容易对人体健康造成危害。同时，过低的室内空间，其室内环境空间承载量会大大降低，更容易增加室内环境中的生物污染、化学性污染和物理性污染物的浓度。

（1）为了保证足够的室内环境空间，家庭装饰装修时，起居室和卧室尽量不要吊顶，如果需要处理管道，一定不要全吊顶，以保证室内足够大的空间。

（2）卫生间和厨房由于有各种各样的管道，注意吊顶也不要过低，或者可以采用局部吊顶的方法。

（3）为了保证足够的室内空间，地面材料尽量选用占用室内空间较少的材料，尽量不要在室内设计高低台阶。

（4）室内空间比较小的房间，尽量不要选择大体积的家具，或者占用墙体全面积空间的家具，一些书柜、装饰柜可以进行开放式设计。

（5）一般情况下，尽量不要选择复杂的、大体积的吊灯，尽量选择吸顶灯，如果需要可以选择阅读灯或者餐桌灯。

70. 家居环境装饰装修应注意哪些室内环境安全问题?

只有在装修时注意消除家中的隐患，才能真正拥有一个安全、可靠的室内空间。特别是在一些突发性灾害到来时，或者家中有老人和儿童的，都应该考虑室内环境安全问题。

（1）注意防控室内环境中的化学性污染。简约而不简单，设计上注意室内环境甲醛污染问题，选择符合国家标准的室内装饰装修材料，采用无污染和少污染的装饰装修材料，注意室内环境污染的净化。

（2）注意防控室内环境中的生物污染。选择具有抗菌抑菌功能的装饰装修材料，选择具有杀菌消毒功能的家用电器，选择具有抗菌抑菌功能的床上用品和窗帘布，有过敏性体质人员的家庭注意不要选择容易滋生螨虫、细菌和霉菌的室内装饰用品。

（3）注意防控室内环境中的物理性污染。尽量不要选择放射性高的装饰装修材料，注意做好房屋的隔声处理，安装净化颗粒物的空气净化器和新风机。

（4）注意防控卫生间和厨房的污染。注意卫生间和厨房下水道的臭气污染和生物污染、厨房油烟管道的油烟污染、厨房天井或者通风窗的上下左右其他相邻家庭的污染等。

71. 家居环境装饰装修应注意哪些应急安全设计问题？

特别是有老人、孕妇、儿童和有慢性疾病人员的家庭，装饰装修时应注意：

（1）在装修时，房间尽量保留原有通道门的尺寸，尽量不要随意缩小。

（2）安装防盗门窗时要考虑到危急时刻人员的疏散和救护。

（3）卫生间和客厅过道尽量选择感应式和光控式灯光开关，一方面比较方便和节约能源，另一方面可以减少人手接触，防止污染。

（4）卫生间洗面盆的水龙头可以选择感应式水龙头，方便洗手开关，防止交叉感染，还有利于节约用水。

（5）有儿童的家庭注意装修和家具尽量不要留有尖锐的棱角，大型家具需要与墙面、地面固定。

（6）地面材料特别是浴室地面材料要注意防滑，可以选择具有防滑功能的瓷砖。

（7）浴室应该安装外开门，防止向内开门，一旦出事门不容易打开。

（8）室内房门拉手最好选用转臂较长的，要尽量避免采用球形拉手。

（9）卫生间、客厅和卧室地面不要采用高低设计，防止跌倒，有利于室内轮椅活动。

（10）注意卫生间特别是厨房排气管道的设计和安装，避免排风口被堵而造成油烟污染。

72. 卫生间装修应注意哪些生物污染问题？

在疫情防控过程中，钟南山院士通过"钻石公主号"游轮感染事件提醒广大市民，新型冠状病毒可能通过管道或淋浴器加速传播。国家卫健委第4版新冠肺炎防控指导意见也提出了新型冠状病毒通过粪—口传播的可能性。当年的"非典"就与"淘大花园"的下水道传播有关联。所以说，防控室内环境生物污染，卫生间是不可忽视的重点之一。

城市楼房卫生间主要有两个方面的环境问题：一是通风问题，高层建筑的卫生间排气道一般都比较狭窄，自然通风的效果差，一旦遇到无风、逆温天气，卫生间里的异味很难排到室外，甚至扩散到室内，污染室内空气环境；二是防潮问题，很少有卫生间设计在朝南的阳面位置，而且多数没有窗户，采光不好，加上不能充分与外界空气进行交换，极易使细菌、真菌滋生和繁殖。特别是卫生间环境中的真菌，能引起呼吸道过敏，轻者会鼻咽发痒、打喷嚏，重者会出现呼吸困难、哮喘不止等症状，个别人还会因此导致荨麻疹以及流泪、眼周围红肿等眼部过敏症状。

针对这种情况，卫生间的装饰装修和日常生活中应该注意以下几点：

（1）设计。为了防止卫生间的淋浴房、洗面盆和坐便器造成交叉污染，如果有条件尽量选择干湿分开设计。

（2）通风。保证良好的通风条件，如果有窗户尽量安装平开窗，没有外开窗的一定要安装排气扇或排风扇。

（3）净化。有条件的家庭可以安装空气净化器、新风机和消毒机，及时杀灭各种污染物。

（4）防臭。装修时保证下水通畅，可以安装防臭气倒灌的下水管配件。同时注意，下水管一定要安装反水弯。

（5）除湿。尽量不要在卫生间晾湿衣物，湿墩布、湿抹布、洗澡巾和脚垫等易产生霉菌的物品，放入卫生间前，先拿到阳台晾干。

（6）注意选择具有抗菌抑菌功能的卫浴产品，铺装具有抗菌抑菌功能的卫生间墙地砖。

73. 什么是装配式装修？

所谓装配式装修，就是采用干式工法（施工现场没有砂石和水泥），把工厂生产的部品部件在现场进行组合安装的装修方式，主要包括干式工法楼（地）面、集成厨房、集成卫生间、管线与结构分离等。它摒弃了传统装饰装修的工艺和材料，做到了设计标准化、生产工厂化、施工装配化、环境无害化。

目前，装配式装修已经在国内一些大型住宅工程得到推广使用。平时需要几个月的装修工程，采用装配式装修只需一个星期就可以装配好，而且没有装修污染问题。

目前，国家对推广装配式装修也十分重视。2016 年，国务院下发了《关于进一步加强城市规划建设管理工作的若干意见》。2017 年 3 月，住房城乡建设部下发了更为正式的《"十三五"装配式建筑行动方案》以及配套管理办法等三大文件，明确 2020 年前全国装配式装修建筑占新建比率 15% 以上，其中重点推进地区需达到 20%。

74. 为什么说装配式装修会成为疫情后的发展趋势？

（1）能满足居民健康生活消费的需要。

疫情结束后，人们会更加关注全方位的室内环境安全健康。装配式装修是解决室内环境污染的最佳途径，如果下一步加入抗菌材料和净化技术，会成为消费者的首选。

（2）是完善城市治理体系的需要。

经历这次新冠肺炎疫情，人们发现了超大城市现代化发展的问题。利用工厂化生产的形式，可以代替传统装饰装修行业散兵游勇的生产方式，解决千家万户的二次装修问题。这次全国性的疫情防控管理，为下一步大力发展装配式装饰装修，解决大中型城市传统装饰装修的人员管理、污染管理、质量管理、垃圾管理和生物安全管理问题提供了发展契机。

（3）是改造传统装饰装修产业的需要。

疫情对产业发展既是挑战也是机遇。一些传统行业受冲击较大，一些新兴产业却展现出强大的成长潜力。装配式装修作为从根本上改变传统装饰装修产业的新兴产业，具有安全环保低碳节能的优势，要以此为契机，改造提升传统产业，培育壮大新兴产业。

（4）是解决装饰装修劳动力分流问题的需要。

传统的装修工基本上都是农民工。随着现代城镇化建设步伐的加快和人们生活条件的改善，年轻一代的农民不会像他们父辈一样去灰头土脸地做装修了；加上近年来国家大力发展基本建设，吸引了大量的基本建设工人；还有政府鼓励"大众创业，万众创新"，很多年轻一代新农民成为网络销售、农业旅游项目的创业者。装饰装修行业人员短缺将是常态。装配式装修，可以有效地解决劳动力短缺的问题，同时也可以鼓励年轻人加入装配式装修，成为新的建筑装饰行业的蓝领工人。

75.装配式装修会促使室内装饰装修行业发生哪些转变？

（1）进一步促进装饰装修的工厂化生产。

随着装配式装修的推广，大规模的装饰装修配件工厂化生产将成为新的发展趋势，特别是无污染、少污染、抗菌抑菌功能的新材料和墙顶面材料的工厂化生产，具有发展前景。

（2）促进装饰装修无害化材料的创新。

传统装饰装修材料一方面会有室内环境化学性污染和生物污染问题，另一方面不适合工厂化生产和装配化施工。现在一些企业和科研人员在新材料创新方面研究出了抗菌抑菌功能的装饰装修材料，采用无化学性污染和生物污染的材料替代传统的装饰装修材料，有效地提高了新材料的市场利用率，从源头上解决了室内环境化学性污染和生物污染问题。

（3）保证装饰装修工人的身体健康。

我们以前常说装饰装修工人是室内环境污染的第一受害人，装饰装修过程中的化学性污染、生物污染都会对工人健康造成伤害。推广装配化施工，会颠覆传统装修工人灰头土脸装修的形象。装修工人的白领化、智能化、现代化成为发展趋势，降低了全人工操作和人海战术，保证了装饰装修工人的职业卫生安全，降低了他们感染各种传染性疾病的风险。

76. 家居生活用品和材料为什么能够抗菌？

我们家居生活中使用的一些家电产品、生活用品和室内装饰装修材料里面的涂料、瓷砖等产品之所以能够抗菌，主要是因为在这些产品和材料的生产过程中和产品后处理过程中添加了抗菌剂或者采用了抗菌材料。

77. 什么是抗菌剂和抗菌材料？抗菌剂在我们家居装饰中有哪些应用？

抗菌剂是能够在一定时间内，使某些微生物（细菌、真菌、酵母菌、藻类及病毒等）的生长或繁殖保持在必要水平以下的物质。它是一类具有抑菌和杀菌性能的新型助剂。

抗菌材料是在材料中添加抗菌剂，使制品具有内在抗菌性，可以在一定时间内将材料上的细菌杀死或抑制其繁殖的新型材料，其抗菌效果取决于材料中添加的抗菌剂的类型和用量。

抗菌剂能够有效抑制微生物的生长繁殖或可杀死致病微生物，包括杀菌剂和抑菌剂。杀菌剂一般指作用强、起效快而且是通过接触直接使微生物死亡的制剂，可有效杀死有害微生物。抗菌剂的应用起初主要集中在日用品和家电产品，近年来迅速扩展到建筑材料、陶瓷、纤维制品。

抑菌剂能够抑制微生物的生长繁殖或孢子萌发，一般仅可控制微生物萌发或代谢过程而不能直接使微生物死亡。其作用主要是抑制有害微生物的生长、繁殖，保护生物和产品不受微生物损害，包括防腐剂、防霉剂、保鲜剂、纺织品和塑料制品等的抗菌剂。

78. 抗菌剂是怎样发挥作用的？

从远古时代人们就开始使用抗菌材料。人们发现用银和铜容器留存的水不易变质，后来皇宫和达官贵人吃饭时又习惯使用银筷子，民间又用银制成饰品佩戴。我国民间很早就认识到银有抗菌作用。

现代抗菌技术主要是用于控制室内环境微生物污染源。将有机抗菌剂和无机抗菌剂用于建筑材料、家用电器、家庭用品，抑制和杀死微生物，以减少室内环境中潜在的微生物污染源，达到控制室内空气微生物污染，改善和提高室内空气质量的目的。

有机抗菌剂以酯类、醇类、酚类为主要原料，耐高温性较差，一般使用温度为200℃以下，有的为250℃以下，杀菌时间短，偶有析出现象。抗菌的作用机制为：有机抗菌剂水解后带正电荷（+），构成微生物的蛋白质表面带负电荷（-），正负电荷相互吸引，抗菌剂被微生物吸附后，借助亲油基的作用进入微生物体内，扰乱微生物的活性致其死亡。

无机抗菌剂主要是指用银、铜、锌等作为抗菌金属的抗菌剂。另外，无机抗菌剂也包括通常所使用的含氯（如次氯酸、二氧化氯）、碘和氧（如过氧化氢、过氧乙酸）的抗菌剂，但是这些抗菌剂与有机抗菌剂一样，属于速效性的、消耗性的抗菌剂。

79. 抗菌纺织品在家居环境中有哪些应用？

纺织品与人们的生活密切相关，大到窗帘布艺，小到我们穿的内衣、袜子，都离不开纺织品。纺织品大多与人们的身体直接接触，同时因具有多孔、疏松的特点，更容易吸附各种杂质，成为繁殖、寄生细菌等生物污染物的主要载体之一。因此，纺织品的抗菌性能直接影响着人们的生活质量。

家居环境中抗菌纺织品的应用主要有以下几个方面：

（1）保护使用纺织品的消费者。如果抗菌纺织品能杀灭金黄色葡萄球菌、指间自癣菌、大肠杆菌、尿素分解菌等细菌和真菌，则能预防传染性疾病的传播，防止内衣裤和袜子产生恶臭，抑制袜子上的脚癣菌繁殖，避免婴儿因尿布发生红斑，提高老人和病人的免疫力，在医院内还可以预防交叉感染。

（2）防止室内环境生物污染，保护室内环境安全。抗菌纺织品包括室内家居环境中的墙布、窗帘布、沙发布、床上用品、浴帘、浴巾和地垫等。上海金芙蓉窗帘有限公司研发的六合一多功能窗帘布和室内装饰墙布，经国家室内车内环境及环保产品质量监督检验中心检测，抗菌杀菌率和防腐性能良好，不仅适合家庭室内环境装饰装修，同时还适合宾馆饭店、写字楼特别是学校幼儿园、敬老院和妇幼保健院等生物污染容易发生，对室内环境生物污染控制严格的场所，特别适合在医院、疗养院、社区保健中心等场所使用。

（3）防止室内环境中的纺织品受损，延长使用寿命。由于抗菌纺织品具有杀灭黑曲霉菌、球毛壳菌、结核杆菌和柠檬色青霉菌等各种霉菌的功能，可以防止纤维材料变色、脆损以及纺织品发生霉变。

80. 哪些装饰装修材料可以防控室内环境生物污染？

市场上的装饰装修材料五花八门、种类繁多，令人眼花缭乱。哪些材料可以防控室内环境生物污染？消费者难以选择时，可重点关注以下三类装饰材料：

（1）陶瓷洁具类

陶瓷洁具包括家庭装饰装修使用的各种地砖，卫生间和厨房的墙地砖，卫生间的马桶、洁具和厨房的洗菜盆等。这些材料和产品，一方面会经常处于生物污染的环境，另一方面容易成为室内环境生物污染的源头。

（2）内墙涂料类

各种内墙涂料不仅是造成室内环境化学性污染的主要来源，而且是室内环境霉菌滋生的主要来源。同时墙面材料又是家庭装饰装修面积最大的材料，如果墙面材料不仅可以防霉，同时还可以净化室内环境生物污染，应该会成为消费者的首选。

（3）人造板类

人造板包括强化复合地板和实木复合地板，两者都含有一定量的甲醛，如果选择不当，会造成不同程度的室内环境甲醛污染问题。现在科研人员和专家已经研制出无甲醛添加的人造地板，同时现在的一些抗菌抑菌技术也应用在人造板上，可以成为人们装饰装修地面材料的新选择。

81. 什么是抗菌陶瓷？

抗菌陶瓷是指在卫生陶瓷釉中、釉面上加入，或在其表面上浸渍、喷涂、滚印上无机抗菌剂，从而使陶瓷制品表面上的致病细菌控制在必要水平之下的抗菌环保自洁陶瓷。

用于陶瓷制品的抗菌材料，主要是无机抗菌材料。按照抗菌材料的不同，抗菌陶瓷主要分为载银抗菌陶瓷和二氧化钛抗菌陶瓷两大类。

载银抗菌陶瓷，是将抗菌效果好、安全性高的银或其离子固定在沸石、磷灰石、磷酸钙、磷酸锆、黏土矿物等载体上，并加入陶瓷釉料中，经施釉和烧结后，使之在陶瓷表面的釉层中均匀分散并长期存在。

二氧化钛抗菌陶瓷，是指涂覆有二氧化钛薄膜的陶瓷材料，在日光或含紫外线的灯光照射激发下发生催化反应，可以杀灭细菌、防止霉菌生长、分解有机物及净化空气等。

我国自 20 世纪 90 年代开始对抗菌材料进行研究。科研工作者和专家相继开发出了抗菌或易洁陶瓷技术，经实验室检测，其对金黄色葡萄球菌和大肠杆菌的杀抑率高达 96% 以上。

82. 家居环境中怎样选择抗菌陶瓷？

抗菌陶瓷是一种新型功能陶瓷，技术含量高，除保持了原有陶瓷的使用功能和装饰效果之外，又增加了抗菌消毒、化学降解的功能。疫情以后，人们室内环境生物污染防控意识提高，更加追求安全健康环保的家居生活，具有抗菌抑菌功能的装饰装修材料将会有更加广阔的市场前景。

家居环境中应怎样选择具有抗菌抑菌功能的陶瓷制品呢？

（1）家庭客厅地面材料是家居环境中使用面积比较大的材料，一般多采用陶瓷地砖。由于客厅是家庭来往客人聚集的地方，同时也是家人从外面回到家第一个接触的场地，所以如果采用抗菌材料的地砖，可以有效地净化从外面带到室内的生物污染。

（2）卫生间的墙地砖。卫生间是家人洗漱的场所，也是家里面污染最严重的场地，特别是如果卫生间通风不好，很容易滋生细菌、霉菌等生物污染。

（3）厨房墙地砖。厨房是人们加工食品的场地，为了防止病从口入，保证各种食品的卫生，一定要保持厨房干净卫生。家庭装饰装修要从厨房材料开始，选择具有抗菌抑菌功能的厨房墙砖和地砖，一方面可以减少厨房里面滋生各种细菌的机会，另一方面可以方便清洁墙面和地面的油渍，保证厨房的干净卫生。

83. 为什么要选择具有抗菌防霉功能的内墙涂料？

近年来城市化进程的加快给建筑涂料带来了巨大的市场空间，我国涂料产业正以 20% 的年平均增长率递增，建筑涂料也由过去以保护墙体、装饰为目的向着高性能、多功能、绿色化方向发展。

为了控制人类居住环境中的细菌污染问题，人们研制出各种抗菌制品。在建筑涂料领域，具有杀灭或抑制环境中细菌、霉菌等微生物的功能乳胶涂料已形成产品并被广泛推广使用。

（1）抗菌功能

据调查，国内外有很多公司推出抗菌涂料，如德国的都芳公司推出了灭菌涂料，能持久有效地杀灭耐抗菌剂的细菌和病毒，这种涂料在国外一些医院和护理机构上已开始使用。日本一家知名特种涂料公司推出了用银系、光触媒系或天然壳聚糖类抗菌材料生产的抗菌涂料。我国的立邦、富亚、海川、多乐士、龙牌、嘉宝莉、富臣、广东美涂士等多家涂料企业也推出了抗菌功能涂料。

（2）防霉功能

作为水性乳胶涂料，本身也存在防霉防腐的问题。涂膜长霉问题是在涂料实际使用过程中，由于所处环境条件潮湿或受空气中高湿度气候影响而吸收水分，涂膜表面滋长霉菌，严重影响涂层的外观和使用效果，因此即使是普通乳胶涂料也要加入防霉剂和防腐剂。而作为抗菌防霉功能涂料，是要求做到涂料在长期储存不霉变基础上，漆膜能够抑制杀灭空气中接触到漆膜的细菌、霉菌等微生物，并且要求这种漆膜抗菌防霉功能具有一定的持久性。

84. 具有抗菌功能的木质装饰板真的可以抗菌吗?

随着科学技术的发展，普通人造装饰板生产技术和工艺成熟度不断提高。功能人造板属于新材料技术中的功能复合材料，它直接强调产品的用途，如对热、电、光、磁、声、菌类等表现出的特殊功能。从材料科学发展的趋势看，未来功能人造板在人造板工业的比重将有可能赶上结构用人造板而成为人造板工业的主流之一。

国内部分人造板企业开展了抗菌防霉板材的研发，抗菌防霉功能木质装饰板是一类具有抑菌和防霉变功能的新型环保功能型木质板材产品，主要通过添加抗菌防霉组分，使板材在达到原有装饰功能的基础上，还具有杀灭或抑制落在表面的细菌微生物以及防止板材霉变，从而改善室内环境空气质量的功能。

一些知名地板企业推出抗菌系列木地板，包括强化地板、实木地板、实木复合地板、竹地板等品种。还有一些人造板企业推出适用于家具制造和装饰装修企业使用的抗菌防霉装饰面人造板、刨花板等产品。

85. 家用电器会造成生物污染吗?

室内家用设备如家用空调、洗衣机和加湿器，也容易滋生细菌和真菌等微生物，成为室内空气微生物的潜在污染源。

家用空调在制冷时，内部结露，相对湿度接近100%，适宜细菌和好湿性真菌滋生繁殖；空调的过滤器、进风和排风口的相对湿度在 70% ~ 90%，适合中湿性真菌和好干性真菌生长，过滤器上的真菌数可高达 $10^4 \sim 10^6 cfu/cm^2$。一般空调使用 2 年就会吹出大量的微生物，并且散发出轻微的臭气。据报道，在实验室里，空调只在夏季期间昼夜连续运行 6 年后，其内部及排风口污染严重，真菌变成乌黑状态，室内的人曾出现过敏、流泪眼、流鼻涕等症状。

关闭全自动洗衣机后，洗衣机的洗衣槽和外侧间隙等，湿度都很高，适宜细菌、真菌滋生繁殖。洗衣机附近也容易滋生细菌和真菌，成为室内空气的污染源。

86. 防控室内环境生物污染应怎样选择抗菌家电？

在空调、洗衣机、冰箱等电器设备中科学地融入抗菌技术，在给居民生活带去舒适便利的同时，也带去一份健康，已成为电器设备人性化设计及生产中的重要研究课题。

什么是抗菌家电呢？科研人员和专家将抗菌技术应用到家电等设备的组成材料的开发研制中，使常用材料变成一种具备了抑菌、杀菌功能的新型材料，便形成了抗菌家电。

目前抗菌技术在家电领域中的应用主要有以下几个方面：

（1）电冰箱。冰箱中应用了抗菌技术的部件较多，有内部的内胆、搁物架、排水槽、瓶座、冰室的排水口、风道、蒸发器搁板、风道盖板，外部的门把手、门封条以及饰条等。

（2）空调。空调中应用了抗菌技术的部件有接水盘、导风板、遥控器的外壳及按键等。

（3）洗衣机。波轮式洗衣机的内筒、过滤盖、水道、波轮等，滚筒式洗衣机控制面板的按钮以及控制旋钮。

（4）洗碗机。洗碗机中应用了除菌技术的部件有喷淋器、内胆以及上盖内衬。

（5）吸尘器。吸尘器中应用了抗菌技术的部件有电源的开关按钮、上盖以及手柄等。

87. 疫情后消费者怎样选购家用空调?

（1）认准杀菌消毒是关键。目前空调市场推出了多款健康空调，消费者在选择时应该把握以改善室内空气质量、杀菌换气、提升氧气浓度的健康空调为首选的原则。因眼下传染病侵扰着人们的正常生活，而这些传染病在很大程度上是由室内空气污染导致的。所以，消费者应该谨慎地选择可以换气杀菌的健康空调。

（2）选购的空调最好带有换新风功能，以保证室内空气流通和正常的新风输入量。这种被形象地称为"换新风"的功能，完全可以替代开窗所起到的加速空气流通、降低单位面积病菌浓度的作用，减少人们被病毒感染的概率。

（3）选择空调时还应关注其是否具有自清洁功能，以保证室内空气的清洁度。目前，市场上自清洁技术较为成熟的企业很少，因此，消费者在选择时应优先选择大的品牌。

（4）关注品牌。在目前空调市场中，一些强势品牌的氧吧空调、杀菌空调不仅能给消费者提供健康的产品，而且其具有的制氧、换新风、杀菌、解毒等功能，完全能为消费者营造一个健康的室内空间，真正做到了通风换气、健康呼吸。

购物要选
名家大店

五、交通出行篇

88. 乘坐交通工具出行怎样判定密切接触者?

按照国家关于新冠肺炎疫情防控要求，为了防止疫情的传播，对于新型冠状病毒患者的密切接触者须进行14天的隔离观察。那么乘坐飞机、高铁或者轮船等不同的交通工具时，怎样判定密切接触者呢？具体可参照以下规定：

1）乘坐飞机

（1）一般情况下，民用航空器舱内病例座位的同排和前后各三排座位的全部旅客以及在上述区域内提供客舱服务的乘务人员会作为密切接触者。其他同航班乘客会作为一般接触者。

（2）乘坐未配备高效微粒过滤装置的民用航空器的舱内所有人员。

（3）其他已知与病例有密切接触的人员。

2）乘坐铁路旅客列车

（1）乘坐全封闭空调列车，病例所在硬座、硬卧车厢或软卧同包厢的全部乘客和乘务人员。

（2）乘坐非全封闭的普通列车，病例同间软卧包厢内或同节硬座（硬卧）车厢内同格及前后邻格的旅客，以及为该区域提供服务的乘务人员。

（3）其他已知与病例有密切接触的人员。

3）乘坐汽车客车

（1）乘坐全密闭空调客车时，与病例同乘一辆汽车的所有人员。

（2）乘坐通风的普通客车时，与病例同车前后三排乘坐的乘客和驾乘人员。

（3）其他已知与病例有密切接触的人员。

4）乘坐轮船

（1）与病例同一舱室内的全部人员和为该舱室提供服务的乘务人员。

（2）如与病例接触期间，病人有高热、打喷嚏、干咳、呕吐等剧烈症状，无论时间长短，均应作为密切接触者。

89. 自驾车外出应怎样做好防护？

（1）车里应常备口罩、手消毒剂或消毒纸巾等防护和消毒用品，从公共场所返回车内，要及时进行手部消毒。

（2）要做好通风换气，合理使用车内通风装置的内循环和外循环。

（3）如果有可疑症状患者，搭乘私家车时要及时开窗通风，对可疑症状的人接触的物品表面，例如车门把手、座椅、方向盘等进行消毒。

（4）如果有疑似或者确诊患者搭乘过，在专业人员的指导下及时做好私家车内部，包括物体表面、空调系统的消毒，其他同乘者按照有关规定须接受隔离医学观察。

（5）出租车每日在出行载客前，要对车内进行清洁和消毒；车内应配备口罩、消毒湿巾等防护和消毒用品。

（6）司机应该增加对车门把手、方向盘、车内扶手等重点部位的清洗、消毒频次，同时做好手部卫生。

（7）非常时期尽量关闭车内空调，司机全程佩戴口罩，同时提醒乘客佩戴口罩，减少交流；司乘人员打喷嚏要用纸巾遮住口鼻。

90. 发热或疑似患者去医院就医途中有哪些注意事项?

如果家里发现疑似新冠肺炎病症可疑症状患者，包括发热、咳嗽、咽痛、胸闷、呼吸困难、乏力、精神稍差、恶心呕吐、腹泻、头痛、心慌、结膜炎、轻度四肢或腰背部肌肉酸痛等，应立即就医。有条件的尽快联系医院救护车直接入院治疗。如果自行去医院就医，路途中具体指导建议如下：

（1）有条件的最好使用私家车去医院。

（2）前往医院的路上，病人和陪同人员应该佩戴医用外科口罩或 N95 口罩。

（3）尽量避免乘坐公共交通工具前往医院，如果坐出租车或网约车需要戴好口罩，路上打开车窗通风。

（4）在路上和到达医院就医等待时，尽可能远离其他人，至少 1 米以上。

（5）注意留心路途的交通工具和接触的人群，为以后流行病学调查提供依据。

（6）乘坐私家车以后，需要使用含氯消毒剂或过氧乙酸消毒剂，对所有被呼吸道分泌物或体液污染的表面进行严格消毒。

91. 出租车或网约车应采取哪些防控措施?

在加强疫情防控工作的同时，一些企业单位陆续返岗复工，城市居民也陆续开始了复工复学的生活，交通出行安全成为关注重点。怎样保护司机和乘客安全? 健康出行十大建议如下：

（1）网约车和出租车可以在前后排座椅之间设置隔离防护膜，

起到有效的防护作用。

（2）注意车内座椅座套的卫生，要经常清洗更换。更换的座椅座套，最好进行消毒处理后再清洗。

（3）加强服务过程中车内环境的随时消毒处理。应该在每一位乘客乘坐以后都进行简易消毒，对乘客接触的车门拉手、车内扶手等部位和客人坐过的座椅座垫进行擦拭和喷洒消毒。

（4）注意车内消毒剂的使用。注意不要选择刺激性强，或者对物品腐蚀性强的消毒剂。疾病控制中心专家提醒大家，注意不要在汽车空调通风口里面喷洒消毒剂，以免对驾乘人员的呼吸造成刺激。

（5）注意对重点乘客和重点地段上下车乘客的污染防护。特别注意对从医院附近上下车或者前去就医、探视病人的乘客进行车内环境的消毒，做到一客一消。而且司机应注意，接触这样的乘客时要严格佩戴口罩防护，如果有可能，车上可以配备一次性口罩，提供给乘客。

（6）注意汽车空调和通风管道的清洗。冬春交替的季节，长时间的冬季供暖已经造成空调和通风道里面的积尘和污染，容易传播各种污染物，最好每周进行清洗和专业消毒。

（7）注意车内空气净化器的选择。一些车载空气净化器具有消毒杀菌功能，可以选择使用。但是应注意，要经常按照说明书进行清洗或者杀菌材料的更换。一些具有臭氧功能的消毒器要注意使用环境和使用条件，防止造成人身伤害和车内材料损害。

（8）注意选择专业的车内环境消毒服务。车内环境的专业性消毒可以保证消毒的安全和规范。现在一些消毒服务机构开展这样的服务，可以保证车内环境消毒服务的专业化、规范化和安全化，疫情后应该会成为一种长效服务。

（9）注意长时间在车内休息和待客的安全。尽量不要在车内长时间开空调，特别是非常时期，经常会有长时间在车内休息或者等待乘客的司机，应注意防范由于使用车内空调引发的一氧化碳中毒风险。

（10）加强车内环境卫生管理。司机和乘客都不要在车内吸烟，司机在车外吸烟以后也要注意不要马上进入车内，应该在车外呼吸一些新鲜空气，休息 10 分钟以后再进入车内。而且要注意每天更换外套，防止车内的二手烟污染。

92. 哪些疫情防护用品可以携带登机？

根据中国民航局发布的《旅客携带个人防护用品安全运输指南》的规定，旅客乘机时可以携带的个人防护用品包括：口罩、手套、护目镜、防护服、消毒剂、体温计等。具体规定如下：

（1）各种口罩、医用手套、护目镜和防护服可以随身携带，但是，对于有锂电池的电动口罩，乘机时应满足携带锂电池乘机的相关规定。

（2）密封于独立小型包装内的醇类消毒棉片、消毒棉棒，或碘伏消毒棉棒，如果没有游离液体且包装完好，经安全检查后方可随身携带。

（3）电子体温计如含有锂电池，锂电池额定能量不超过 100 瓦时或锂含量不超过 2 克，在做好防止短路、防止意外启动、防止损坏以及完全关闭的前提下，可以携带乘机。

93. 哪些疫情防护用品不可以携带登机但可以托运?

旅客乘机时不可以携带登机但可以办理托运的疫情防护用品主要有:

（1）防护服的供氧装置禁止携带乘机，但可以托运。

（2）酒精体积百分比含量≤70%的消毒剂不能手提或随身携带登机，但可以托运。

（3）医用碘伏通常浓度较低（1%或以下），不能手提或随身携带登机，但可以托运。

（4）水银体温计是不能随身携带的，只能办理托运，每人允许携带一支，且必须将水银体温计放置在保护盒里。

94. 哪些疫情防护用品不可以携带登机也不可以托运?

旅客乘机时不可以携带登机也不可以办理托运的疫情防护用品主要有:

（1）含有异丙醇的消毒剂，标志不含酒精但含有异丙醇。异丙醇是易燃液体，不能手提或随身携带，也不能托运。

（2）酒精体积百分比含量＞70%的消毒剂，不能手提或随身携带，也不能托运。

（3）双氧水消毒液、过氧乙酸消毒液、84消毒液、漂白粉属于航空运输的危险品，不能手提或随身携带，也不能托运。

（4）含氯消毒片、消毒泡腾片、高锰酸钾消毒片属于航空运输的危险品，不能手提或随身携带，也不能托运。

95. 为防控新型冠状病毒传染，应怎样给私家车消毒?

（1）对空调滤网消毒。滤网应每周清洗一次，可将过滤网浸入有效溴或有效氯含量为 250 毫克 / 升的消毒溶液中 30 分钟，在放回空调内之前应注意用水清洗、晾干。

（2）对车内空气消毒。在不需要开空调的季节，可开窗通风。

（3）对车内地面脚垫以及座椅座套消毒，注意经常进行清洗和更换。

（4）经常进行车内物体表面消毒。车内地面、车身内壁、司机方向盘、车门拉手、座位等部位要保持清洁。

（5）如果运送发热患者或疑似病人时，在病人离开后，车厢可用 0.3% ～ 0.5% 的过氧乙酸、有效溴或有效氯含量为 1500 毫克 / 升的消毒液喷雾，密闭 1 小时后开窗通风，按 15 ～ 20 升 / 立方米用量喷洒。

96. 远距离出行人员应该注意什么?

（1）需事先了解目的地是否为疾病流行地区。

（2）如必须前往疾病流行地区，应事先配备口罩、便携式免洗洗手液、体温计等必要物品。

（3）旅行途中，尽量减少与他人的近距离接触，在人员密集的公共交通场所和乘坐交通工具时要佩戴 KN95/N95 及以上颗粒物防护口罩。

（4）妥善保留所到疾病流行地区的公共交通票据信息，以备查询。

（5）从疾病流行地区返回后，应尽快到所在社区居民委员会、村民委员会进行登记并进行医学观察，医学观察期限为离开疾病流行地区后 14 天。

（6）医学观察期间进行体温、体征等状况监测，尽量做到单独居住或居住在通风良好的单人房间，减少与家人的密切接触。

97. 车载空气净化器真的可以杀灭新型冠状病毒吗?

随着我国汽车工业的发展和人们对车内空气质量问题的高度关注，车载空气净化器成为车内环保行业的新兴产业。

利用空气净化器解决室内环境污染问题在我国已经具有成功的经验，中科院生态中心贺泓院士研发的常温条件下甲醛的净化技术还获得了国家科技发明二等奖。该技术被应用在亚都空气净化器中，推动了我国空气净化器在解决室内环境化学污染物方面的技术进步。但是在疫情防控工作中，大家更多关注车载空气净化器的消毒杀菌功能到底怎么样。

车载空气净化器到底能不能杀菌消毒呢？现在也有一些商家推出了具有杀菌消毒功能的车载空气净化器，可以消杀车内空气中的生物污染。怎样选择这类车载空气净化器？

（1）臭氧技术空气净化器。臭氧对车内空气中的生物污染有很好的消杀作用。但是臭氧同时也会对车内的金属材料表面和橡胶制品表面产生腐蚀和老化作用，所以使用臭氧发生器的净化器，可以杀灭细菌病毒，但是要注意它的副作用。

（2）负离子空气净化器。采用负离子技术，在车内增加空气中的负离子，同时也有一定的杀灭细菌的作用，但是它的主要功能还是产生负离子，改善车内空气质量。

（3）高效过滤净化器。主要靠高效过滤器的过滤功能，把吸附在空气中颗粒物上的各种细菌吸附在过滤器上，这种净化器对车内空气的生物污染有一定的消杀作用，但是需要经常更换过滤器。

（4）高压静电车载净化器。这种净化器通过高压静电技术把空气中的生物污染物杀灭，并吸附在它的静电材料上，不仅可以有效地杀灭车内空气中的细菌和病毒，而且会降低车内颗粒物污染。使用时需要经常清洗静电材料上的污染物。

98. 驾车出行车内空调能开吗？

据目前的医学专家研究证明，新型冠状病毒可以通过空调系统传播。如果车内空调使用不当，很可能成为新型冠状病毒的传播渠道。为此，要注意以下两个方面：

1）对车内空调要经常进行杀菌消毒处理。

（1）更换空调器的灰尘滤清器。这是最简单的方法，能使进风保持通畅。

（2）进行汽车空调器外循环风道杀菌。可以购买专用的空调清洗剂，但注意消毒前应将车内的食品、纸巾取出，避免吸附异味。

2）正确使用车用空调,防止造成新型冠状病毒的感染和传播，或者对健康造成伤害。

（1）在可能的情况下，尽量减少使用车内空调。

（2）在使用过程中，要经常对空调系统上的风道、蒸发器等装置进行清理。

（3）选择合适的温度,车厢内温度以与外界温度相差 5～6℃为宜。

（4）当车厢内温度很高时，应先打开车窗，让热气排出，待车内温度下降后再开启空调。

（5）不要开着空调在车内吸烟，烟雾直接刺激眼睛和呼吸系统，不利于身体健康。

（6）不要在开着空调的停驶车内长时间休息或睡眠，这样容易引起一氧化碳中毒。

（7）使用车内空调时，要经常将车窗适度打开进行通风换气，以保持车内空气新鲜。

99. 怎样预防车内一氧化碳中毒？

经常会有志愿者、救护车和公安人员长时间在工作车内休息或者等待乘客，也偶有发生由于使用车内冷暖空调引发的一氧化碳中毒事件。尽量不要长时间在车内开空调，如果车内空调使用不当，极易发生一氧化碳中毒，危及生命。

据测试，当汽车发动机在怠速空转时，因为燃烧不充分，往往会产生大量含有一氧化碳的废气。汽车在停驶状态下，车内外的空气难以进行对流，发动机长时间运转排出的一氧化碳便可能聚集在车内。一氧化碳与人体血液中的血红蛋白有很强的亲和力，其进入人体后，会大大削弱血液向各组织器官输送氧气的能力，轻者造成人的感觉、反应、理解、记忆力等机能障碍，重者损害血液循环系统，导致生命危险。每年我国都会发生车内空调器引发的一氧化碳中毒死亡事件。建议大家千万要注意以下几点：

（1）不能开着车内冷暖空调在车里睡觉，儿童、老人或者体质较弱者更应注意。

（2）汽车停驶时，不要长时间地开着车内空调取暖或者制冷，即使是在正常行驶中，也应经常打开车窗，让车内外空气产生对流。

（3）驾车人或乘车人如感到头晕、四肢无力时，应及时开窗呼吸新鲜空气，并且在排除晕车和其他病因的前提下，应首先考虑可能是一氧化碳中毒。

（4）定期全面检修汽车，以防空调的排气系统泄漏一氧化碳导致中毒；对于新车内的甲醛、苯等有害物质污染，尽量采取多通风及选择有效的车内空气净化措施。

100. 为什么要选择专业性的车内空气消毒杀菌服务?

（1）按照《消毒管理办法》的规定，进行消毒服务一定要专业化和职业化。

（2）车内环境消毒杀菌需要按照国家规范的要求使用合格的消毒产品。

（3）车内环境消毒杀菌操作员必须经过严格的岗位培训，符合标准规范要求。

（4）车内环境消毒杀菌效果可以通过《消毒管理办法》的检验检测合格。

（5）车内环境空间比较特殊，一些容易腐蚀的金属表面、橡胶制品和纺织品容易受到消毒剂损坏，只有经过专业培训人员才能够做到消毒标准规范。

（6）车内环境专业性消毒可以保证车内环境消毒服务的专业化、规范化和安全化。

（7）中华环保联合会车内环保专业委员会制定了《全国室内车内环境消毒杀菌服务规范》团体标准，用于规范车内环境消毒服务机构。

参考文献

[1] 薛广波. 公共场所消毒技术规范 [M]. 北京：中国标准出版社，2010.

[2] 何剑峰，宋铁. 新型冠状病毒感染防护 [M]. 广州：广东科技出版社，2020.

[3] 中国健康教育中心. 新型冠状病毒肺炎疫情防控健康教育核心信息及释义 [M]. 北京：中国人口出版社，2020.

[4] 张文宏. 张文宏教授支招防控新型冠状病毒 [M]. 上海：上海科学技术出版社，2020.

[5] 王清勤，王静，陈西平，等. 建筑室内生物污染控制与改善 [M]. 北京：中国建筑工业出版社，2011.

[6] 宋广生. 室内环境生物污染防控知识问答 [M]. 北京：中国标准出版社，2010.

[7] 宋广生，吴吉祥. 室内环境生物污染防控 100 招 [M]. 北京：机械工业出版社，2010.

[8] 宋广生，于玺华. 中国室内环境污染控制理论与实务 [M]. 北京：化学工业出版社，2006.

[9] 于玺华. 现代空气微生物学 [M]. 北京：人民军医出版社，2002.

后　记

从 2020 年春节至今，我们亲身体验了痛苦、恐惧和焦虑，也看到了勇敢、拼命和无畏，还看到了病患、伤痛和死亡，更看到了使命、能力和力量。

从深入一线的 84 岁高龄的钟南山院士，到冒死一拼的"90 后"护士，从为祖国拼命的白衣天使逆行者，到千千万万响应国家号召在家隔离的老百姓，从战斗在武汉保卫战第一线的白衣战士，到首都北京运筹帷幄的国家领导人。14 亿中国人民经历了难以忍受的痛苦，也体验到了万众一心、共克时艰的力量，更感受到祖国和中国共产党领导的伟大。我们感叹病毒肆虐的无情，感叹国家发展的多艰，感叹人民力量的伟大，感叹党领导的英明。

前事不忘，17 年前我们曾经经历了抗击非典的战斗。人们从中认识到了室内环境健康的重要性。将近 20 年里，健康家居、健康住宅、健康汽车、绿色建筑逐渐被人们认识，也逐渐被人们接受。但是人们关注比较多的是，新装修、新建筑和新家具造成的室内环境化学性污染，对于室内环境的生物污染仍缺乏足够的关注、了解和重视。

这次新冠肺炎疫情，给大家上了一堂关于室内环境生物污染的普及教育课。人们从一条条鲜活的生命中，从不断增长的死亡数字中，从一个个令人落泪的画面中，从一件件令人感叹的事件中，认识到了室内环境生物污染的严重性以及有效防控的重要性。

窗外的月季花已经冒出新叶，春天已经到来，国内疫情也初步得到控制。人们开始思考，疫情以后，怎样使我们的家居生活更美好？怎样创造安全健康环保的家居环境？在总结20多年室内环境工作经验以及参考大量相关信息的基础上，我们精心编写了这本小册子，希望能够为疫情以后大家的安全健康环保的家居生活提供参考。

宋广生

2020 年 3 月